高等职业院校设计学科新形态系列教材
上海市高等教育学会设计教育专业委员会"十四五"规划教材
丛书主编 江滨　丛书副主编 程宏

建筑空间 构成设计

吴丹　程宏　赵杰　蔡文澜　编著

中国电力出版社
CHINA ELECTRIC POWER PRESS

内 容 提 要

本书重点讨论建筑空间构成的语言系统以及切实可行的操作方法,从建筑空间构成的语言系统建立到设计实践操作进行讲解。全书分为三部分、共十章:第一部分为理论部分,共四章,介绍空间与形式研究,建筑空间与功能的基本组成,建筑空间与其内部功能及外部形体的关系,并建立了建筑空间方案设计阶段框架。第二部分为设计实践部分,共五章,通过课程大作业的实际项目流程,贯穿教学中的"课堂训练"全过程,结合各章的训练目标,配以具体的任务解读、任务实施和任务呈现标准,帮助训练和教学测评,使师生在教学中有的放矢地进行设计研习。第三部分为案例解析,解读四个各具亮点的实际工程案例,均为来自行业优秀设计机构的代表性设计作品。

本书可作为高等职业院校和应用型本科院校的建筑设计、环境(室内)设计、景观设计等专业教材或教辅用书,以及建筑设计、室内设计行业从业者的参考用书。

图书在版编目(CIP)数据

建筑空间构成设计 / 吴丹等编著 . -- 北京:中国
电力出版社,2025. 5. --(高等职业院校设计学科新形
态系列教材). -- ISBN 978-7-5198-9867-0

Ⅰ . TU201. 1

中国国家版本馆 CIP 数据核字第 202554WG26 号

出版发行:中国电力出版社
地　　址:北京市东城区北京站西街 19 号(邮政编码 100005)
网　　址:http://www.cepp.sgcc.com.cn
责任编辑:王　倩(010-63412607)
责任校对:黄　蓓　王小鹏
书籍设计:锋尚设计
责任印制:杨晓东

印　　刷:北京瑞禾彩色印刷有限公司
版　　次:2025 年 5 月第一版
印　　次:2025 年 5 月北京第一次印刷
开　　本:787 毫米 ×1092 毫米　16 开本
印　　张:11
字　　数:339 千字
定　　价:58.00 元

高等职业院校设计学科新形态系列教材
上海市高等教育学会设计教育专业委员会"十四五"规划教材

丛书编委会

序一

党的二十大报告对加快实施创新驱动发展战略作出重要部署，强调"坚持面向世界科技前沿、面向经济主战场、面向国家重大需求，面向人民生命健康，加快实现高水平科技自立自强"。

高校作为战略科技力量的聚集地、青年科技创新人才的培养地、区域发展的创新源头和动力引擎，面对新形势、新任务、新要求，高校不断加强与企业间的合作交流，持续加大科技融合、交流共享的力度，形成了鲜明的办学特色，在助推产学研协同等方面取得了良好成效。近年来，职业教育教材建设滞后于职业教育前进的步伐，仍存在重理论轻实践的现象。

与此同时，设计教育正向智慧教育阶段转型，人工智能、互联网、大数据、虚拟现实（AR）等新兴技术越来越多地应用到职业教育中。这些技术为教学提供了更多的工具和资源，使得学习方式更加多样化和个性化。然而，随之而来的教学模式、教师角色等新挑战会越来越多。如何培养创新能力和适应能力的人才成为职业教育需要考虑的问题，职业教育教材如何体现融媒体、智能化、交互性也成为高校老师研究的范畴。

在设计教育的变革中，设计的"边界"是设计界一直在探讨的话题。设计的"边界"在新技术的发展下，变得越来越模糊，重要的不是画地为牢，而是通过对"边界"的描述，寻求设计更多、更大的可能性。打破"边界"感，发展学科交叉对设计教育、教学和教材的发展提出了新的要求。这使具有学科交叉特色的教材呼之欲出，教材变革首当其冲。

基于此，上海市高等教育学会设计教育专业委员会组织上海应用类大学和职业类大学的教师们，率先进入了新形态教材的编写试验阶段。他们融入校企合作，打破设计边界，呈现数字化教学，力求为"产教融合、科教融汇"的教育发展趋势助力。不论在当下还是未来，希望这套教材都能在新时代设计教育的人才培养中不断探索，并随艺术教育的时代变革，不断调整与完善。

同济大学长聘教授、博士生导师
全国设计专业学位研究生教育指导委员会秘书长
教育部工业设计专业教学指导委员会委员
教育部本科教学评估专家
中国高等教育学会设计教育专业委员会常务理事
上海市高等教育学会设计教育专业委员会主任

序 二

人工智能、大数据、互联网、元宇宙……当今世界的快速变化给设计教育带来了机会和挑战，以及无限的发展可能性。设计教育正在密切围绕着全球化、信息化不断发展，设计教育将更加开放，学科交叉和专业融合的趋势也将更加明显。目前，中国当代设计学科及设计教育体系整体上仍处于自我调整和寻找方向的过程中。就国内外的发展形势而言，如何评价设计教育的影响力，设计教育与社会经济发展的总体匹配关系如何，是设计教育的价值和意义所在。

设计教育的内涵建设在任何时候都是设计教育的重要组成部分。基于不断变化的一线城市的设计实践、设计教学，以及教材市场的优化需求，上海市高等教育学会设计教育专业委员会组织上海高校的专家策划了这套设计学科教材，并列为"上海市高等教育学会设计教育专业委员会'十四五'规划教材"。

上海高等院校云集，据相关数据统计，目前上海设有设计类专业的院校达60多所，其中应用技术类院校有40多所。面对设计市场和设计教学的快速发展，设计专业的内涵建设需要不断深入，设计学科的教材编写需要与时俱进，需要用前瞻性的教学视野和设计素材构建教材模型，使专业设计教材更具有创新性、规范性、系统性和全面性。

本套教材初次计划出版30册，适用于设计领域的主要课程，包括设计基础课程和专业设计课程。专家组针对教材定位、读者对象，策划了专用的结构，分为四大模块：设计理论、设计实践、项目解析、数字化资源。这是一种全新的思路、全新的模式，也是由高校领导、企业骨干，以及教材编写者共同协商，经专家多次论证、协调审核后确定的。教材内容以满足应用型和职业型院校设计类专业的教学特点为目的，整体结构和内容构架按照四大模块的格式与要求来编写。"四大模块"将理论与实践结合，操作性强，兼顾传统专业知识与新技术、新方法，内容丰富全面，教授方式科学新颖。书中结合经典的教学案例和创新性的教学内容，图片案例来自国内外优秀、经典的设计公司实例和学生课程实践中的优秀作品，所选典型案例均经过悉心筛选，对于丰富教学案例具有示范性意义。

本套教材的作者是来自上海多所高校设计类专业的骨干教师。上海众多设计院校师资雄厚，使优选优质教师编写优质教材成为可能。这些教师具有丰富的教学与实践经验，上海国际大都市的背景为他们提供了大量的实践机会和丰富且优质的设计案例。同时，他们的学科背景交叉，遍及理工、设计、相关文科等。从包豪斯到乌尔姆到当下中国的院校，设计学作为交叉学科，使得设计的内涵与外延不断拓展。作者团队的背景交叉更符合设计学科的本质要求，也使教材的内容更能达到设计类教材应该具有的艺术与技术兼具的要求。

　　希望这套教材能够丰富我国应用型高校与职业院校的设计教学教材资源，也希望这套书在数字化建设方面的尝试，为广大师生在教材使用中提供更多价值。教材编写中的新尝试可能存在不足，期待同行的批评和帮助，也期待在实践的检验中，不断优化与完善。

丛书主编

建筑空间思维是理解和创造建筑空间的基础，它涉及对空间的感知、组织和表达，是设计的基础核心能力，贯穿设计创作的全过程。同时，空间设计思维也为后续的设计课程奠定了重要基础。

我们处在一个知识爆炸的时代，就建筑学科而言，即使是建筑设计基础教学，对知识的传播已然不是其首要目标。和其他学科相比，建筑设计所涉及的知识体系异常丰富庞大，其知识的更新速度也异常之快。新的建造形式、建筑材料、施工方法层出不穷，设计工具也不断更新，如生成式AI建筑设计工具已然不是新鲜事物，若想以一本教材将这些知识进行完整介绍，既难以实现，也没有必要。故本教材从内容上并非罗列和建筑相关的基础知识，而是重点讨论建筑空间构成的语言系统以及切实可行的操作方法。首先，建筑空间的构成设计是一套相对完整的语言系统，将建筑空间作为最基本的关键词加以组织、衔接，这一系统的建立为初学者提供了一个相对清晰、完整的研习框架，并为初学者的进一步学习提供了整体性的引导。同时，建筑空间构成设计也是一套最易掌握、行之有效的设计学习和设计操作方法。基于此，建筑设计的学习者可以相对独立地完成最基本的建筑设计操作流程，这也是本教材的关键思想。

本教材在内容上重视设计实践操作能力的培养，在实践教学部分，尽可能通过一个课程大作业的实际设计项目，贯穿于教学课程中的"课堂训练"全过程，使学习脉络更清晰，并使课程大作业的任务目标，遵循企业岗位能力要求，突出项目导向、实践导向和技能导向的教学组织形式，做到"现学、现练、现掌握"，对标"设计操作能力、解决问题能力、执行能力"的专业能力要求，使学习目标更明确。同时结合每个章节的训练目标，配以具体实施的方法、进程安排和学生的作业成果案例，为设计提供一条切实可行的操作途径，从而使师生在教学中有的放矢，培养学生系统、有序、实用的设计表达能力。除了专业的建筑空间语言系统，本教材还绘制了大量生动的分析图，用图示语言和视觉符号进行内容表达，易于读者理解，并增加阅读中的趣味性。在案例解析篇章，引入各具亮点的实际工程案例（来自行业优秀设计机构的优秀设计作品），希望读者在生动愉悦的学习过程中不断成长。

　　本教材由多所院校一线教师和优秀设计师共同编撰，具体编写分工为：第一、二、七、十章由上海杉达学院吴丹编写；第四、五、六章由上海电子信息职业技术学院教授程宏编写；第八、九章由上海杉达学院赵杰编写；第三章由上海杉达学院蔡文澜编写。全书由吴丹统稿、程宏教授主审。

　　本教材在编写中得到了上海一涧木空间设计有限公司（校企合作单位）陆力行总经理以及上海力本规划建筑设计有限公司（校企合作单位）白鑫总经理的鼎力支持，增加了教材的应用性、专业性和前沿性，在此特别感谢。

　　教材受限于编者的经验和学识，难免不够严谨或失之偏颇，真诚欢迎各位读者和行业专家的批评指正，以鞭策我们不断前行！

吴丹
2025年1月

目录

第一部分

理论部分

第一章 空间与形式研究

第一节 认识建筑空间

一、实体与空间

　　什么是空间？空间相对于实体而存在。日本建筑理论家芦原义信认为："空间基本上是由一个物体同感觉它的人之间产生的相互关系所形成的。"这里所指的空间实际上是指感觉意义上的空间。中国古代哲学家老子在《道德经》里曾指出"埏埴以为器，当其无，有器之用。凿户牖以为室，当其无，有室之用"，意为真正具有价值的不是建筑的实体，而是当中"无"的部分，即空间本身（图1-1）。

　　空间，作为一种物质存在，具备三维属性，占据特定的地理位置，并随时间流逝而演变，其中承载着人们的记忆与情感。

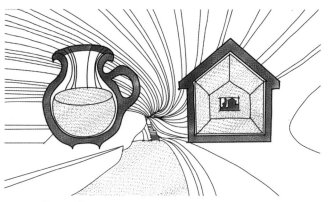

图1-1 《道德经》中对空间的诠释

二、空间的定义

　　空间是由点、线、面按照一定的关系组合而成的几何概念，它具有长度、宽度和高度三个维度，是物体存在和运动的场所。在建筑学中，建筑空间是指由建筑物围合而成的，供人们进行生产、生活或其他活动的三维体。它具有一定的形状、大小、比例、尺度、色彩、质感、光线等视觉要素，以及相应的氛围和情感特征。建筑空间不仅满足人们的功能需求，还通过其形式、材料和装饰等手段，表达着建筑师的审美观念和文化内涵。

建筑空间不仅包含墙面、地面、屋顶、门窗等围成建筑的内部空间，还包含建筑物与建筑物之间，建筑物与周围环境中的树木、山峦、水面、街道、广场等形成建筑的外部空间。建筑以它所提供的各种空间满足着人们生产或生活的需要。

三、建筑空间的类型

建筑空间划分为内部与外部两部分，但在特定情境下，两者之间的界限并不总是那么明确。通常，人们依据是否存在屋顶来判断一个空间是室内还是室外。

1. 内部空间

建筑的内部空间是人们为了某种功能目的而用一定的物质材料和技术手段从自然空间中围隔出来的。内部空间和人的关系最为密切，对人的影响也最直接。建筑内部空间的设计，既要确保满足建筑的基本使用功能，亦需兼顾人们的审美需求（图1-2）。

图1-2 龙美术馆建筑内部空间

2. 外部空间

建筑的外部空间，主要基于其形体设计而构建。具体而言，存在两种主要类型。首先是开敞式外部空间，这种空间通过环绕建筑的方式形成，如广场和街道等，它们为公众提供了开放且通透的环境。其次，封闭式外部空间则由建筑实体界定，具有明确的形状和范围（图1-3）。

图1-3 龙美术馆建筑外部空间

3. 灰空间

除此之外，还有各种介于开敞与封闭之间的复杂的外部空间形式，如半室外的灰空间，然而，这也是建筑中最为灵动的部分。灰空间具有一种独特的模糊性，它打破了传统意义上室内与室外的明确界限。这种模糊性使得空间的使用变得更为灵活，既可以作为室内空间的延伸，也可以作为室外空间的补充。如图1-4所示，龙美术馆由拱形的巨大挑檐形成的建筑灰空间，创造了一种独特的空间过渡区域，在视觉上模糊了室内外的界限，使得人们在进入美术馆内部之前，就已经感受到了一种多层次的空间体验，不仅丰富了建筑的层次感，还为室外活动提供了可能，增强了建筑与环境的互动性。

图1-4 龙美术馆建筑灰空间

第二节　空间的尺度及形状

建筑的功能要求以及人在建筑中的活动方式，决定着建筑空间的大小、形状、数量及其组织形式。由墙面、地面、顶棚所围合的单个空间是建筑中最基本的使用单元，其大小与形状是满足使用要求的最基本条件，根据功能使用合理地决定空间的大小与形状是建筑设计中的一个基本任务。

一、空间的尺度

空间的尺度是衡量空间及其构成要素大小的主观标准，它涉及空间形象给人的视觉感受（图1-5），尺度与形态必须要联合起来考虑，不能孤立地对待，因为他们还要受到整个建筑空间的朝向、采光、通风、结构形式、经济因素及建筑整体布局的影响。

二、空间的比例

空间的比例是指空间各构成要素自身、各要素之间、要素与整体之间在量度上的关系。选择合适的空间比例应综合考虑到功能要求和人的精神感受。细而长的空间会使人产生向上的动势，创造通透、明快而活跃的空间气氛。低而宽的空间会使人产生侧向广延的感觉，给人平稳、安静、安全的感受，深远的空间让人产生无限向前的感觉，有引导性，吸引人们朝向其指引的方向（图1-6）。

压抑——引力感强

正常——有引力感

不亲切——引力感弱

图1-5　空间尺度对人心理的影响

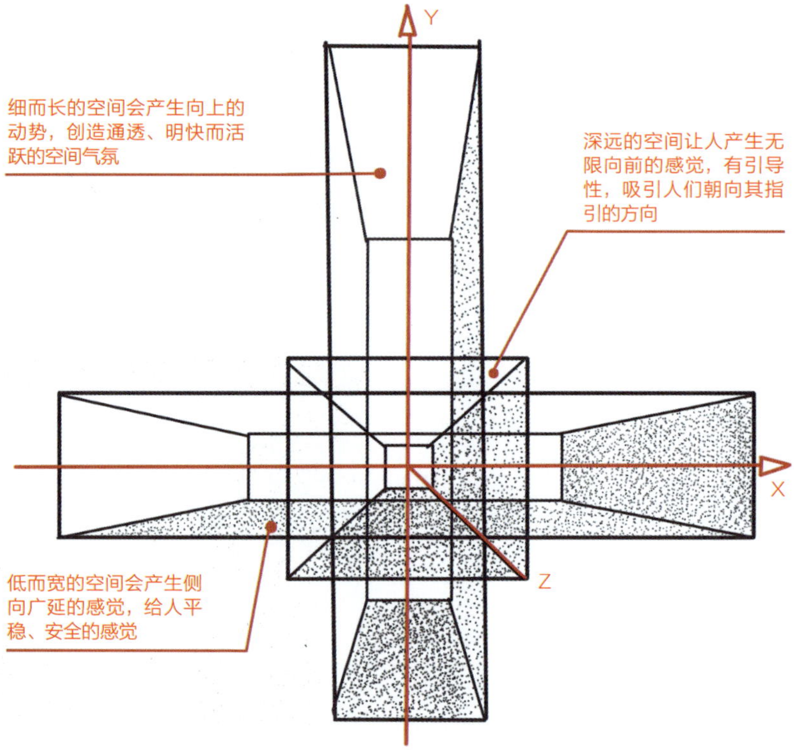

细而长的空间会产生向上的动势，创造通透、明快而活跃的空间气氛

深远的空间让人产生无限向前的感觉，有引导性，吸引人们朝向其指引的方向

低而宽的空间会产生侧向广延的感觉，给人平稳、安全的感觉

图1-6　空间比例给人的精神感受

三、空间的形状

1. 平面形状

由于平面形状决定着空间的长、宽两个向量，所以在建筑设计中空间形式的确定，大多由平面开始。在平面设计中首先考虑该空间中人的活动尺寸和家具的布置。矩形平面是采用最为普遍的一种，其长与宽的比例关系则与空间的使用内容有重要的关系。矩形平面的优点是结构相对简单，易于布置家具或设备，面积利用率高（图1-7、图1-8）。

圆形、半圆形、三角形、六角形、梯形等，以及某些不规则形状的平面，多用于特定情况的平面设计中。如圆、椭圆形可用于过厅、餐厅等；大的圆形平面用于体育或观演空间。三角形、梯形、六角形等平面的采用则常与建筑的整体布局和结构柱网形式有关（图1-9）。

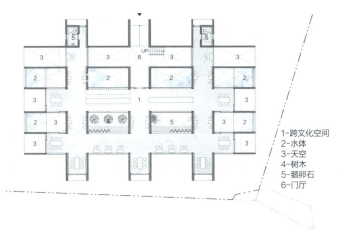

1-跨文化空间
2-水体
3-天空
4-树木
5-鹅卵石
6-门厅

图1-7 跨文化空间咖啡馆平面设计

2. 剖面形状

在一般建筑中，空间的剖面大多数也以矩形为主，在公共建筑中某些重要空间的设计，如大厅、中庭、观众厅、购物大厅等，其剖面形状的影响至关重要，它或与特殊的功能要求有关，或出于对空间艺术构思的考虑。如图1-10某观演厅的剖面形状，取决于观演厅的视觉和声学设计，以及观演厅建筑的整体艺术风格。当众多单个空间处于同一建筑中时，如何对它们进行合理的组织，是我们在建筑设计中必须解决的问题。

图1-8 跨文化空间咖啡馆外观设计

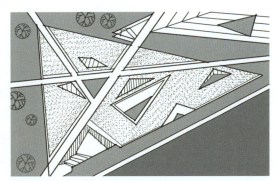

图1-9 成都东壹美术馆平面示意图

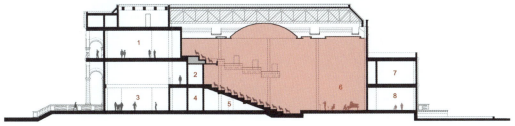

图1-10 某观演厅剖面示意图

第三节　空间的限定方式

空间和实体相互依存，空间的存在依赖于实体的界定。不同的实体形态会对空间的艺术特征产生深远影响。在空间限定的方式上，我们可以按照垂直要素和水平要素进行分类，主要包括以下类型。

一、垂直要素的限定

垂直要素限定：通过垂直构件的围合形成空间，构件自身的特点以及围合方式的不同可以产生不同的空间效果。垂直要素限定主要分为设立、围合两种方式。

1. 设立

设立就是把要素设置于空间中，而在该要素周围形成一个新的空间的场所。设立只是视觉心理上的设置，不会划分出某一部分具体肯定的空间，而是依靠实体形态获得对空间的占有，对周围空间产生一种聚合力。相较于其他空间建构形式，设立操作中实体形态展现出显著的积极性。其实体形态的形状、大小、色彩等属性所呈现的量感和动感，均对其所调控的空间范围产生深远影响。如图1-11的某纪念性建筑空间，通过主体构筑物的设立，对周边场域起到主导性的限定作用和控制感，体现主题性。

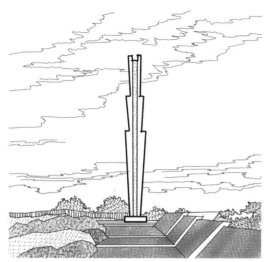

图1-11　空间的限定方式——设立

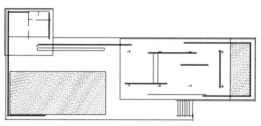

图1-12　空间的限定方式——围合　巴塞罗那国际博览会德国馆平面图

2. 围合

通过围合的方法来建构空间是最典型的空间限定方法，是使用垂直方向的要素，如建筑墙体进行围合，从而限定空间的方法。围合使空间产生内外之分，包围状态不同，空间的情态特征各异。全包围状态限定度最强，比较封闭，人居于全包围状态的空间中感到安全，私密性强；当包围状态开口较大时，开口处形成一个虚面，在虚面处产生内外空间的交流和共融的趋势，这种形态力的冲突造成向内部空间强烈的吸引。如图1-12、图1-13所示，密斯·凡·德·罗设计的巴塞罗那国际博览会德国馆，通过水平要素和垂直要素的巧妙结合，创造出一个流动而富有变化的空间序列。通过设立和围合两种方式，将不同的空间有机地联系在一起。垂直墙体的围合作用，创造出一系列既独立又相互联系的空间。这些空间或开或合，或明或暗，相互交织，形成了一种独特的空间韵律和节奏感，被称为"流动空间"。

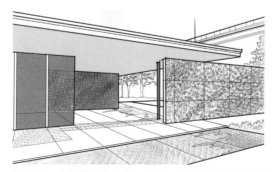

图1-13　空间的限定方式——围合　巴塞罗那国际博览会德国馆空间局部

二、水平要素的限定

水平要素限定：通过不同形状、材质和高度的顶面或地面等对空间进行限定，以取得水平界面的变化和不同的空间效果。水平要素的限定主要有覆盖、凸起、下沉、架起、材质变化等方式。

1. 覆盖

覆盖是指利用空间要素对空间顶部进行覆盖，以达到界定空间的目的。内部空间与外部空间的主要区别在于，内部空间通常受到顶部界面的覆盖。这些覆盖物的存在为内部空间提供了遮光和避雨的功能。然而，覆盖要素的透明度、质感和离地距离等因素的不同，会导致呈现出的效果各异。如图1-14所示，通过曲线形式的建筑屋顶，形成有象征性的覆盖限定，将底部空间与外部区分开来。

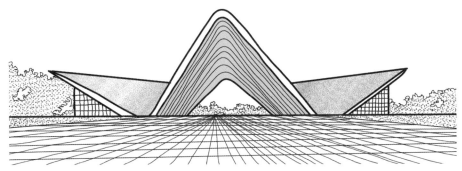

图1-14 空间的限定方式——覆盖

2. 凸起

通过变化地面高度来达到限定的目的，使其与其他空间部分加以区分。通过此种设计，上升的空间得到进一步的强调和凸显，进而提升了其在整体空间中的重要性。凸起的空间形式不仅具备强调、突出和展示等功能，同时也在一定程度上起到了限制人们活动的作用。如图1-15所示，通过凸起的台阶，房间的中央部分得到强调，增强了空间的层次感。

图1-15 空间的限定方式——凸起

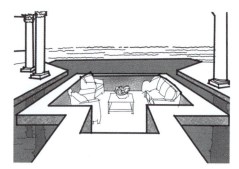

图1-16 空间的限定方式——下沉

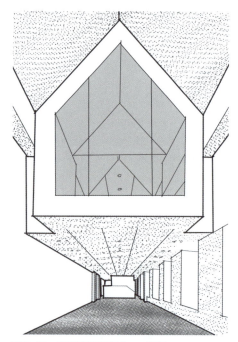

图1-17 空间的限定方式——架起

图1-18 空间的限定方式——材质变化

3. 下沉

下沉与凸起在性质和作用上具有一定的相似性，但在空间情态特征上却呈现出不同的风貌。凸起的空间通常显得明朗而活跃，而下沉的空间则更加含蓄且安定，同时具有一定的隐秘性和安全感。通过下沉的设计，可以为周围空间创造一种居高临下的视觉体验，营造出静谧的氛围，并在一定程度上对人们的活动产生限制作用（图1-16）。

4. 架起

架起形成的空间与凸起形成的空间在某些方面存在共性，然而，架起空间的设计在于释放原有地面，将空间提升至悬浮状态。这样不仅丰富了空间层次，更在其下方塑造了一个附属空间，如图1-17所示，相较于下层的辅助空间，上层空间更加明确且肯定。在建筑内部空间中，设置夹层及通廊就是运用架起手法的典例。

5. 材质变化

在建筑空间中，利用材质的变化同样可以达到界定空间、塑造特色并提升空间层次感的目的。通过应用不同的材质，我们能够在保持空间连续性和整体性的同时，创造出与周边环境的鲜明对比，从而强化空间的独特性。尽管在此过程中并未改变空间的尺度和形态，但材质的变化却能够巧妙地营造出所界定空间与周围环境的差异性，赋予其独特的视觉和感知体验（图1-18）。

三、综合限定

各要素的综合限定：空间是一个整体，在大多数情况下，是通过水平和垂直等各种要素的综合运用以取得特定的空间效果，其处理手法是多种多样的，将不同的空间限定手法综合使用，可以创造出层次丰富的空间形态，塑造空间的主题性格（图1-19）。

图1-19 综合运用多种空间限定方式的某办公空间设计

四、小结——建筑空间的限定方式

在运用建筑空间的限定手法时，通过不同要素的综合运用，可以创造出层次丰富且具有独特主题性格的空间形态。这种综合限定不仅包括垂直和水平要素的单一运用，还涉及多种限定方式的结合，使得空间在视觉和感知上与周围环境形成鲜明对比，从而强化了空间的特性。在实际设计过程中，我们要根据具体的空间需求和功能要求，灵活运用这些限定方式，创造出既满足功能需求又具有独特视觉效果的空间（表1-1）。

表1-1　　　　　　　　　　　　　　　　　　　**建筑空间的限定方式**

限定方式		手法概述	空间特征	空间要素	示意图
垂直限定	设立	把要素设置于空间中，而在该要素周围形成一个新的空间的场所	对周围空间产生一种聚合力，具有很强的积极性。它们的形状、大小、色彩等所显示的重量感和运动感，都能影响其所控制的空间范围	室外空间中的构筑物、高大乔木，或室内空间中具有聚合力形态的家具、设施等	
	围合	使用垂直方向的要素进行围合，从而限定空间的方法	围合使空间产生内外之分，包围状态不同，空间的情态特征各异	如利用建筑物中的墙体、隔断等面状垂直构建进行空间围合	
	覆盖	运用空间要素对空间顶部进行覆盖，从而限定空间的方法	空间并不具有明确的边界，而是依赖于人们的"完形"能力来感知空间范围。由于覆盖要素的透明度、质感和离地距离等因素的差异，所呈现出的效果也各不相同	如建筑雨棚、檐口或顶部覆盖的景观构筑物等	
水平限定	凸起	通过抬高地面来限定空间，达到丰富空间层次的效果	凸起的空间更加被强调和凸显，有突出和展示等功能，当然有时也具有限制人们活动的意味	如建筑中的台阶、坡道等	
	下沉	通过降低地面来限定空间，达到丰富空间层次的效果	下沉的空间含蓄安定，并具隐秘性和安全感，能为周围空间提供一处居高临下的视觉条件，而且易于营造一种静谧的气氛	如下沉式庭院、地下室、下沉台阶、下沉广场等	
	架起	将空间架高使其处于悬浮状态，从而在其下方创造出另一从属的空间	被架起的空间范围明确肯定，而下部的副空间作为其从属空间，更加具有安全感和归属感	如建筑中的夹层及通廊	
	材质变化	通过改变材质来限定空间，创造与周围空间的差别	材质变化既能够创造与周围空间的鲜明对比，又能够保持空间的连续性和整体性	如建筑外墙材质变化、室内墙体、地面、顶棚材质的变化等	
综合限定		通过水平和垂直等各种要素的综合运用，相互分配，以取得特定的空间效果	将不同的空间限定手法综合使用，可以创造出层次丰富的空间形态，塑造空间的主题性格	通过建筑构建、墙体、台阶、隔断等要素综合运用以形成丰富的空间层次	

第四节 空间组合设计的处理手法

引人入胜的建筑空间，一定是具有感染力的，就像一种无声的力量。这种力量来自建筑的语言，来自一种或多种视觉的信号。它能够体现空间独特的气质，也能够牵动着我们的情绪，引发共鸣。但一个完整的建筑，往往是多个空间的组合，需要通过一定的叙事逻辑，来讲述完整的故事，将一幕幕精彩的空间片段有序呈现，将使用者深深地带入空间情绪中。这种建筑语言，就是空间组合设计的处理手法。

一、空间的衔接与过渡

在建筑空间组织方面，应避免通过过于简单的方式直接连接两个空间，否则可能会使人觉得突兀或单调，导致空间感受乏味。因此，在设计建筑空间组合时，应特别关注相邻空间之间的衔接与过渡。为实现空间的不同特性、功能和表达效果的区分，必须借助适当的分隔手段，这些手段一般可分为绝对分隔和相对分隔两种类型。

1. 绝对分隔

图1-20 采用实体墙面对空间进行绝对分隔

绝对分隔指用墙体等实体界面来分隔空间，运用墙体的不同砌筑高度、厚度和开洞形式，对空间进行不同程度的分隔，实现层次丰富的空间效果。这种分隔手法直观、简单，使得室内空间的封闭感和私密性较好。同时，实体界面也可以采取半分隔的方式，比如砌半墙、墙上开洞口等，这样既能够对空间起到界定作用，又能实现一定的流通，体现特定的艺术效果（图1-20）。

2. 相对分隔

图1-21 采用家具对空间进行相对分隔

建筑空间的相对分隔是一种界定空间的手法，它不像绝对分隔那样直接和明确。相对分隔更多地依赖于象征性元素和心理暗示来达到区分不同空间的目的，因此它通常比绝对分隔更具艺术性和趣味性。这种分隔方法通常使用限定度较低的局部界面，如不到顶的隔墙、翼墙、屏风、较高的家具等，这些界面的大小、材质和形态的不同，达到空间分隔的效果（图1-21）。

空间和空间的关系都可以用"围"和"透"来概括，绝对分隔可以概括为"围"，相对分隔可以概括为"透"。在空间组合设计中，要根据空间的功能、形式以及要营造的空间氛围，来平衡"围"与"透"的关系（图1-22）。

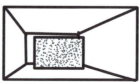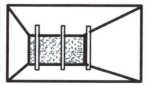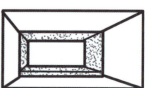

图1-22 相邻空间不同程度的"围"与"透"

二、空间的对比与变化

空间的对比与变化指两个相邻空间通过呈现出比较明显的差异变化来体现各自的特点，让人从一个空间进入另一个空间时产生强烈的反差感来获得某种效果。通常通过以下方式来实现空间的对比与变化。

1. 空间尺度的对比

两个相邻空间，在尺度上创造反差，让人从低矮的小空间进入到高大的空间，会使人产生豁然开朗的感觉，使后者空间从感受上更为宽敞、雄伟（图1-23）。

2. 空间形状的对比

两个相邻空间，用空间形状创造反差，如方正的空间和曲线空间相邻，会更加体现出曲线空间的张力和动感，让空间更具有趣味性（图1-24）。

3. 空间方向的对比

将两个不同方向的空间相邻布置，比如将横向延伸的空间和纵向延伸的空间相邻布置，会让人在进入的时候更加感受到后者的深远，增强空间变化的体验（图1-25）。

4. 空间材质的对比

将两个相邻空间的材质或颜色创造反差，比如从材质粗糙、肌理感强的空间进入到材质光滑、明亮的空间，通过质感的对比变化打破空间的单调感（图1-26）。

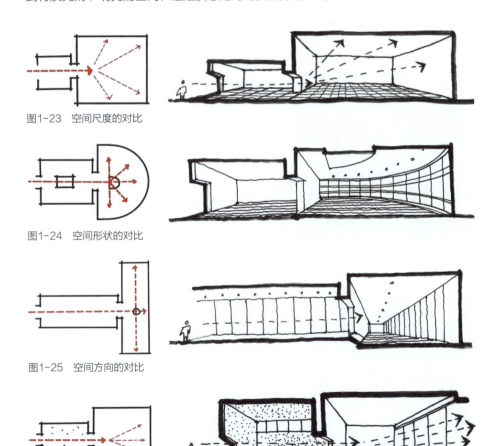

图1-23　空间尺度的对比

图1-24　空间形状的对比

图1-25　空间方向的对比

图1-26　空间材质的对比

三、空间的重复与再现

建筑空间的重复与再现指的是在建筑设计中,同一种形式的空间或要素被连续多次或有规律地重复出现。这种重复与再现可以创造出一种韵律感和节奏感,使空间更加具有吸引力和视觉冲击力。重复性的语言表达,可以对人们的视觉系统加强信号的输出(图1-27)。

例如,在哥特式教堂的设计中,中央部分的通廊就是通过不断重复地采用由尖拱拱肋结构屋顶所覆盖的长方形平面的空间,形成了优美的韵律感,其形成的具有强烈辨识度的空间形式,给人留下了深刻印象(图1-28、图1-29)。

图1-27　空间的重复与再现

图1-28　哥特式教堂内部空间

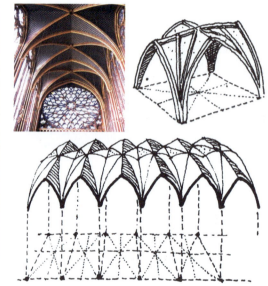

图1-29　不断重复的尖拱拱肋结构

四、空间的渗透与层次

在分隔相邻的两个空间时,有意地创造空间的连通关系,但并不将两个空间交界处完全敞开,而是创造一定的遮隐性,使两个空间可以互相渗透,却不能一览无余。遮隐会产生一种空间诱导,会触发空间的神秘感让观者遐想。在运用这种空间组织手法时,重要的是处理好空间的遮隐程度和视线对景关系。例如,我国古代建筑中的牌楼,常被用来分割空间,增加空间的层次感(图1-30)。再如中国园林中的框景、借景等手法,都是通过巧妙地运用空间的渗透与层次,使得园林的空间层次更加丰富,景深更加深远(图1-31)。

图1-30 利用牌楼进行空间分隔，增加空间的层次感

图1-31 中式园林中的框景设计

五、空间的引导与暗示

空间的引导与暗示就是通过特定的设计元素和布局，引导观者的视线和行动路径，从而创造出丰富的空间体验。例如，通过巧妙的布局和视线引导，可以将人的注意力引向建筑的重点部位或景观节点，增强空间的表现力。同时，通过暗示性的设计手法，如光影效果、材质对比等，可以营造出神秘、幽静或活泼的空间氛围，增强空间的感染力（图1-32、图1-33）。

图1-32 利用特意设置的踏步，暗示出上一层空间的存在

图1-33 以弯曲的天花、地面处理，暗示出前进的方向

本章总结

本章的学习重点是理解建筑空间与形式的相互关系，建立基本的空间感知，熟悉空间的常用限定手法和组合设计处理手法，难点是将空间的限定手法和组合处理手法运用到具体设计中。

课后作业

（1）作业题目：主题空间限定练习。

（2）作业内容：综合运用6种空间限定的手法，进行不同主题空间的限定练习。

（3）作业要求：

塑造一个理想状态的空间，空间平面尺寸12米×20米，空间高度限定在20米的范围内，运用垂直、水平及综合限定空间的手法（围合、设立、覆盖、架起、下沉、凸起中至少选择4种）对空间进行限定设计。

1）空间要求体现一定的主题：包含并不仅限于沉静严肃、动感张力、轻松活泼、科技与未来等主题中任选两种进行表达。

2）要求空间设计需体现一定的层次感，空间造型要素运用抽象概念形体，而非具象的室内要素。

3）空间设计的尺度需考虑人的使用感受。

4）成果表达：要求完成2个设计方案，每个方案需进行空间建模表达，包含平面图、两张立面图、不少于6张的模型图片、简要的设计说明、概念生成及立意构思分析图等，以PPT文本形式提交。

思考拓展

本章介绍了空间组合的处理手法，其中经常被使用的手法如空间的对比与变化、空间的重复与再现、空间的渗透与层次等，也经常被其他艺术形式所使用。空间的对比与变化，在文学作品中，被称为欲扬先抑的叙事手法。就如《桃花源记》中，陶渊明所表述的引人入胜的空间场景一样，"林尽水源，便得一山，山有小口，仿佛若有光。便舍船，从口入。初极狭，才通人。复行数十步，豁然开朗"。将场景的意境表达得十分生动，有吸引力。空间的渗透与层次设计手法，也经常在中国园林的设计中所应用，园林中的借景、障景、移步换景，都是此种手法的巧妙运用和体现。结合生活中我们见过的艺术形式，思考空间的处理手法是如何被应用和表达的，你在这样的艺术形式中，获得了什么样的体验？

课程资源链接

课件

第二章　建筑空间与功能

第一节　建筑功能的基本要求

　　罗马杰出的建筑家维特鲁维，在深入剖析建筑学的核心要素时，明确地将"实用性"置于三大要素（实用、坚固、美观）之一的重要位置。尽管历史的车轮滚滚向前，各时代对建筑价值的追求各有不同，但功能作为建筑的核心价值，始终被普遍认可并强调。由于功能是人们构筑建筑的初衷，它自然而然地构成了建筑内容的灵魂所在。因此，功能对于建筑形式的塑造与影响，无疑是深远且确凿的。

　　那么，与功能紧密关联的形式要素为何物？答案是空间，建筑的功能需求决定了其所需的空间形式。然而，我们是否能断言建筑的空间形式完全由建筑功能单一因素所决定呢？答案是否定的。显然，建筑的空间形式首要任务是满足功能需求，但除此之外，还需契合人们的审美追求。进一步分析，工程结构、技术条件及材料选择等因素也会在不同程度上影响建筑空间的形式。因此，我们不能片面地认为建筑的空间形式仅由功能因素所决定。但有一点必须明确强调：建筑空间形式必须适应并满足功能要求。

　　建筑物的使用性质及特点是设计最基本的内在功能的依据，自然也就是最基本的要求，它直接关系到内部空间的特征及空间组合的方式。不同性质的建筑，有着不同的功能使用要求和不同的空间形态的要求。因此，功能定性和定位的问题，是规划设计前首先应该明确的事情（图2-1）。

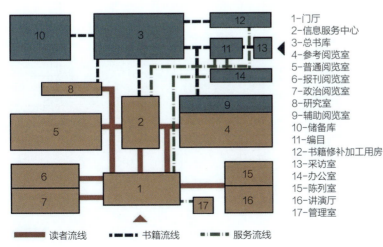

1-门厅
2-信息服务中心
3-总书库
4-参考阅览室
5-普通阅览室
6-报刊阅览室
7-政治阅览室
8-研究室
9-辅助阅览室
10-储备库
11-编目
12-书籍修补加工用房
13-采访室
14-办公室
15-陈列室
16-讲演厅
17-管理室

读者流线　　书籍流线　　服务流线

图2-1　某图书馆功能关系图

第二节　建筑空间的构成及设计

建筑空间包括建筑内部空间和建筑外部空间，它们的构成都包含两部分要素，即物质要素和空间要素。

一、物质要素

1. 物质要素的组成

建筑是由多种物质材料构筑而成的，每一种物质要素在建筑空间的塑造中都扮演着独特的角色。举例来说，墙体不仅承载着建筑的重量，还巧妙地围合与分隔空间；楼板在承受水平荷载的同时，也实现了上下垂直空间的界定与分隔；顶层楼板则进一步明确了内外空间的界限。此外，楼梯、电梯、台阶等垂直交通设施有效地连接了不同层高的空间；门窗的设计则既实现了空间的分隔，又保留了视觉与功能的连通性。而梁、柱、屋架等结构部件，作为建筑空间的骨架，更是支撑起整个建筑体系。至于顶棚与内外墙体的装修，则成为展现建筑装饰艺术的重要载体。因此，建筑空间的创造正是这些物质要素巧妙结合、合理建构的结果，旨在实现特定的使用功能与空间美学效果（图2-2）。

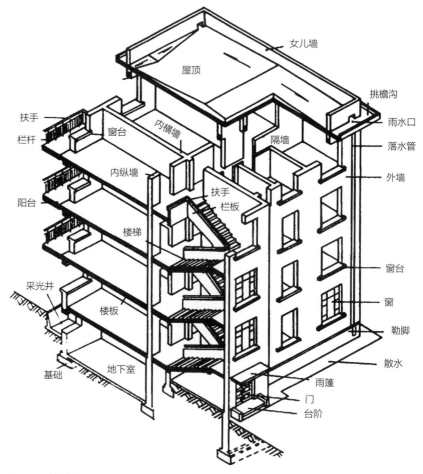

图2-2　建筑空间的物质构成要素

2. 物质技术条件

建筑的物质技术条件主要是指房屋用什么建造和怎样去建造的问题。它一般包括建筑的材料、结构、施工技术和建筑中的各种设备等。

（1）建筑结构。结构是建筑的骨架，它为建筑提供合理使用的空间并承受建筑物的全部荷载，抵抗由于风雪、地震、土壤沉陷、温度变化等可能对建筑引起的损坏。结构的坚固程度直接影响着建筑物的安全和寿命。柱、梁板和拱券结构是人类最早采用的两种结构形式，由于天然材料的限制，当时不可能取得很大的空间。利用钢和钢筋混凝土可以使梁和拱的跨度大大增加，它们仍然是目前所常用的结构形式（图2-3、图2-4）。随着科学技术的进步，人们能够对结构的受力情况进行分析和计算，相继出现了空间结构等结构形式。对于常见的建筑结构类型，在本书第三章第三节中做了详细介绍。

图2-3 拱券结构的古罗马斗兽场

图2-4 上海中心大厦内部的钢结构构件

（2）建筑材料。建筑材料在建筑空间的表现中起着至关重要的作用。首先，它们不仅影响着空间的物理特性，还深刻地塑造着空间的艺术氛围和情感体验。不同的材料有不同的物理特性，如强度、耐久性、透光性、保温性等，这些特性决定了空间的基本属性和使用功能。例如，混凝土和钢铁等强度高的材料常用于构建大型建筑的基础和骨架，而木材和玻璃等则因其独特的质感和视觉效果被广泛应用于室内装修和景观设计。其次，建筑材料通过其纹理、质感、色彩等特性，为空间赋予了独特的艺术表现力。同一种材料可以通过不同的处理方式产生出丰富的视觉效果，如粗糙的混凝土墙面和光滑的玻璃幕墙在视觉上产生强烈的对比，给人带来不同的空间感受（图2-5、图2-6）。而材料的色彩和质感则可以通过与光线的相互作用，创造出温馨、冷峻、活泼等各种空间氛围。

建筑材料在建筑空间的表现中扮演着多重角色，它们既是构建空间的物质基础，又是塑造空间艺术氛围和文化内涵的重要元素。在未来的建筑设计中，随着新材料和新技术的不断涌现，建筑材料在建筑空间表现中的作用将更加突出和多样化。

（3）建筑施工。建筑物通过施工，把设计变为现实。建筑施工一般包括两个方面。

1）施工技术：人的操作熟练程度，施工工具和机械、施工方法等。

2）施工组织：材料的运输、进度的安排、人力的调配等。

建筑设计中的一切意图和设想，最后都要受到施工实际的检验。因此，设计工作

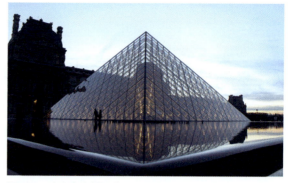

图2-5 粗糙的混凝土建筑——印度昌迪加尔法院（柯布西耶设计）

图2-6 玻璃金字塔建筑——巴黎卢浮宫改建工程（贝聿铭设计）

者不但要在设计工作之前周密考虑建筑的施工方案，而且还应该经常深入现场，了解施工情况，以便协同施工单位，共同解决施工过程中可能出现的各种问题。

二、空间要素

空间和实体相对存在。就其空间功能构成来讲，各种建筑物内都是由下列三类空间组成。

1. 主要使用空间

主要使用空间是直接为这类建筑物使用的空间，如行政建筑物的办公室，学校建筑的教室、实验室，医院建筑物的病房、诊室，演出建筑物中的观众厅、舞台，博览建筑物中的陈列室、展厅，体育建筑物的比赛厅等。这些空间是这类建筑物的核心组成部分。不同的建筑物由于内部使用内容不一，主要使用空间、使用功能是不一样的。主要使用空间在设计中应具备合适的大小和形状的空间，具备良好的朝向、采光和通风条件等。如图2-7所示，某中学教学楼中，主要使用空间为专业教室，专业教室从房间数量、位置、采光和通风条件等因素上都占有优势条件。

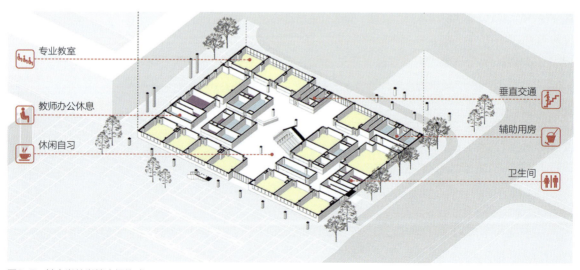

图2-7 某中学教学楼房间构成

2. 辅助使用空间

辅助使用空间是基本使用空间的辅助服务用房或设备用房，也可称为服务性空间，如影剧院中的售票室、放映室、化妆室，体育建筑中的为运动员服务的用房（更衣室、淋浴室、按摩室等），以及一般建筑物的服务房间，如卫生间、盥洗室、贮藏室等。如图2-7所示，某中学教学楼的房间构成，卫生间、办公室、库房等则作为辅助使用空间。

3. 交通使用空间

交通使用空间是内部相互联系的空间，供人流、物流内部来往联系，包括水平联系的交通空间和上下联系的垂直交通空间。水平交通空间，如门厅、过厅、穿堂及走廊等；垂直交通空间，如楼梯间、电梯间、电梯厅等。如图2-8所示，某学校实验楼设计中，由楼梯、电梯间所构成的垂直交通空间与一层由走廊构成的水平交通空间相连，连接城市道路。

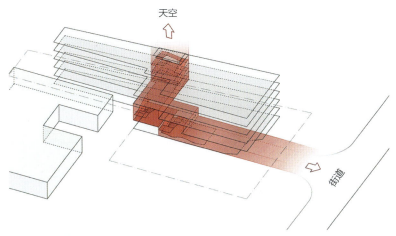

图2-8　某学校实验楼交通使用空间

上述三大组成部分是基于其功能进行划分的，然而在实际应用中，它们并非完全独立，而是经常相互融合。例如，门诊所的走廊除了作为通行通道外，也常常作为候诊区域使用；剧院的门厅不仅供人进出，还提供了休息的空间；而在基础使用空间中，也总有部分区域用作通行道路，便于人们的移动。值得一提的是，如今在新建筑设计中，交通空间越来越多地被赋予了交往空间的功能，使其不仅具备通行的基本功能，还能促进人们之间的互动与交流。

第三节　功能与单一空间形式

房间是组成建筑最基本的单位。它通常是以单一空间的形式出现的，不同性质的房间，由于使用要求不同，必然具有不同的空间形式。功能对于单一空间的规定性，通常体现在以下几个方面。

一、功能与空间大小和容量

功能对于空间的大小和容量要求理应按照体积来考虑，但在实际工作中为了方便起见，一般都是以平面面积作为设计的依据。设计首先要求确定房间面积，为了满足起码的使用要求，或达到理想的舒适程度，其面积和空间容量根据使用性质，应当有一个比较适当的下限和上限。一般来说，居住空间中的一间居室，其面积大约在15~20m²。以教室为例，一间容纳一个班（50人）学生的活动教室，至少要50m²左右的面积，这就意味着空间要比居室的大三倍左右。再如影剧院中的观众厅，对空间容量的要求则更大，如容纳数千人甚至万人的大会堂或体育馆比赛厅，其面积可能高达居室的500倍！从以上比较中可以看出，不同性质的房间或厅堂，其空间容量相差是相当悬殊的，造成这种差别的原因，就是功能（图2-9）。

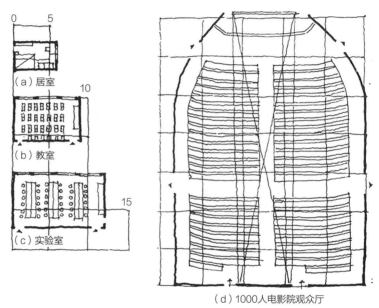

图2-9　不同使用功能房间的面积对比

二、功能与空间的形状

在明确了空间的大小与容量之后，接下来的关键步骤便是确定其形状，无论是正方体、长方体，还是圆形、三角形、扇形，乃至其他各种不规则形状的空间布局。当然，对于多数房间而言，长方体的空间形式更为常见，但即便如此，长、宽、高三者的比例差异也会带来截然不同的空间感受。至于应如何选定最佳的比例关系，只有依据空间的具体功能与使用特点，才能做出最为合理的决策。

例如教室空间的设计，需确保优质的视听体验，正方形平面虽在听觉上表现优异，但前排两侧座位因位置偏斜，常受黑板反光困扰；而狭长平面虽能有效避免反光，却导致后排座位与黑板讲台距离过远，对视听效果均造成不利影响。因此，通过细致比较，我们发现采用约3/4的平面形式能够更好地平衡视听需求。对于其他房间，选择标准则依据其功能要求的不同而有所差异。以幼儿园活动室为例，由于对幼儿活动的灵活性和多样性有较高要求，视听效果并非首要考量，因此即使平面接近正方形，也不会对功能实现造成不利影响。相反，在会议室的设计中，我们则倾向于选择略长的平面比例，以更好地适应长桌会议的功能需求（图2-10）。

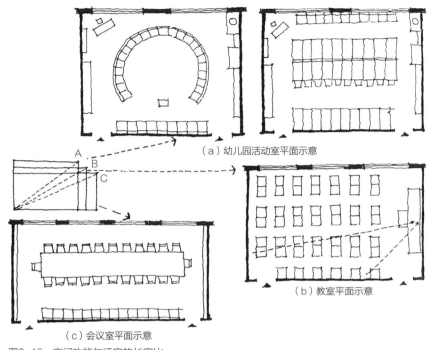

（a）幼儿园活动室平面示意

（b）教室平面示意

（c）会议室平面示意

图2-10　空间功能与适宜的长宽比

三、功能与空间环境

　　空间的环境指一定的采光、通风、日照条件。这个问题直接关系到开窗和朝向。不同的房间，由于功能要求不同，则要求有不同的朝向和不同的开窗处理。开窗的功能一是为了采光；二是为了通风。为了获得必要的采光和组织自然通风，可以按照功能特点、分别选择不同的开窗形式。开窗面积的大小主要取决于房间对于采光（亮度）的要求。

　　和房间朝向紧密相关的是窗户的开设方向。窗户若朝向优越，则能巧妙利用诸多有利的自然条件，进而促进人们的健康；反之，若朝向不佳，则可能遭受某些不利自然条件的侵扰。其中，日照作为首要的自然条件，其影响尤为显著。适量的阳光照射对人体健康大有裨益，冬季时更能带来温暖的慰藉。然而，在炎炎夏日，强烈的阳光直射却可能让人酷热难耐。因此，在房间的朝向选择上，我们需充分把握"趋利避害"的原则，既要充分利用阳光的有益之处，又要巧妙规避其潜在的不利影响。

第四节　功能与两个单一空间的组合

一、空间组合的形式

　　建筑空间的组合方式因功能和空间效果的影响，会有多种组合模式，由单一空间构成的建筑非常少见，更多的还是由不同空间组合而成的建筑，这些空间之间通过各种方式相互连接、交织，形成了丰富多样的建筑形态。建筑空间组合包括两个方面：平面组合和竖向组合，它们之间相互影响，设计时应统一考虑。平面组合主要涉及空间的水平布局，通过合理安排各个空间之间的关系，使它们既能满足功能需求，又能创造出良好的空间效果。竖向组合则主要涉及空间的垂直布局，如何使不同楼层之间的空间能够顺畅地连接，同时保持整体建筑的和谐统一。建筑内部空间通过不同的组合方式来满足各种建筑类型的不同功能要求或不同建筑形式要求。下面将从两个单一空间的组合及多空间组合来分别介绍空间组合的方式。

二、两个单一空间的组合方式

两个相邻空间的连接关系是建筑空间组合方式的基础，可以分为以下四种类型。

1. 包含

一个大空间内部包含一个小空间。两者比较容易融合，但小空间不能与外界环境直接产生联系。相互包含的建筑空间可以产生丰富的空间层次和变化，增加空间的趣味性和深度。如某办公空间设计中，办公区域中被置入一个架起的内建筑，成为办公空间之中的亭台楼榭，创造出一个空间中的空间，体现了空间的趣味性，丰富了空间效果（图2-11、图2-12）。

图2-11　空间组合方式——包含　　图2-12　某共享办公室内空间

2. 相邻

图2-13　空间组合方式——相邻

一条公共边界分隔两个空间。这是最常见的类型，两者之间的空间关系可以互相交流，也可以互不联系，这取决于公共边界的表达形式。如图2-14所示，某小学教室空间设计，利用活动隔断分隔教室a和b，活动隔断封闭时两个教室各自独立，互不干扰，活动隔断打开后使两个教室空间融为一体，可灵活根据教学活动的安排改变教室空间（图2-13、图2-14）。

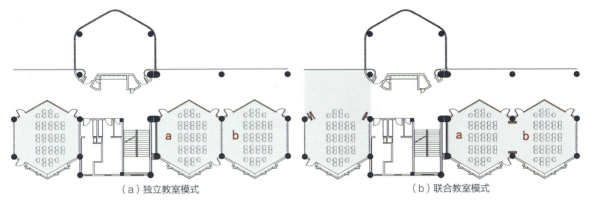

(a)独立教室模式   (b)联合教室模式

图2-14 某小学教室空间平面图

3. 重叠

两个空间之间有部分区域重叠，其中重叠部分的空间可以被两个空间所共享，也可以与其中一个空间合并成为其一部分，还可以自成一体，起到衔接两个空间的作用。使重叠部分作共享空间的条件是该部分的天棚、地面皆需齐全，而围合的墙要素则可有可无，若有，也只能采取半隔或显露通透的形式。如某茶室设计，运用钢筋混凝土的结构特性把二层茶室开窗设计为悬挑形式，使建筑外观形成两个相互重叠咬合的立方体，其中一个为混凝土材质，另外一个为玻璃材质，两个体块通过材质的对比形成虚实的空间关系（图2-15～图2-17）。

图2-15 空间组合方式——重叠

图2-16 某茶室体块重叠的立面形式

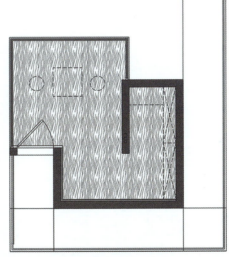

图2-17 某茶室空间重叠的平面形式

4. 连接

两个空间通过第三方过渡空间产生联系，如连廊、过厅、中庭等过渡空间。两个空间的自身特点，如功能、形状、位置等，可决定过渡空间的地位与形式。例如，伦佐·皮亚诺设计的西班牙博坦（Centro Botín）艺术中心，通过中间的公共平台连接了用细柱支撑的两个建筑圆形体量，这样的设计避免了对海湾景观的遮挡，从这里，人们通过楼梯和电梯可以抵达文化中心室内（如图2-18、图2-19）。

图2-18 空间组合方式——连接

图2-19 西班牙博坦艺术中心（伦佐·皮亚诺设计）

第五节 功能与多空间组合

如果将建筑内两个单一空间的组合看作是相邻两个空间的组合关系，就可以在其基础上研究多个空间的组合。其组合方式可简单归纳为：集中式组合、线式组合、放射式组合、单元式组合形式。

一、集中式组合

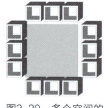

图2-20 多个空间的组合方式——集中式

集中式组合是一种稳定的规划的构成形式，它由一定数量的从属空间围绕着一个大的主要的中心空间所组成，其中交通空间所占比例很小。

集中式组合表现出一种内在的凝聚力，虽然构成中的中心空间在形状上可以是多种多样的，但在空间尺度上一般较大，以至于它能聚集一定数量的从属空间。平面形式的几何规律性是集中式组合的一种明显特征，无论围绕着中心空间的从属空间的尺寸和形状是否相同，集中式组合总是沿着两条或者更多的轴线对称展开（图2-20）。如果主导性空间为室内空间，则可称为"大厅式"（图2-21），如果主导空间为室外空间，则可称为"庭院式"（图2-22、图2-23）。在集中式空间组合中，流线一般为主导空间服务，或者将主导空间作为流线的起始点和终结点。

图2-21 某剧院设计——大厅式

图2-22　雀巢公司意大利总部形体组合示意图——庭院式

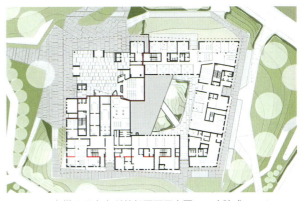

图2-23　雀巢公司意大利总部平面示意图——庭院式

二、线式组合

线式组合实质上就是一个空间系列。线式空间组合通常由尺寸、形式和功能都相同的空间重复出现而构成，也可将一连串形式、尺寸或功能不相同的空间，由一个线式空间沿轴线组合起来。在线式组合中，没有主要空间，各个空间都具有自身独立性，并按照流线次序先后展开。按照各空间之间的交通联系特点，又可以分为走廊式和串联式。

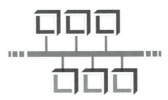

图2-24　多个空间的组合方式——线式走廊式示意图

1. 走廊式

走廊式的主要特点是：各使用空间之间没有直接的连通关系，而是借走廊来连系。这种组合形式由于把使用空间和交通联系空间明确地分开，因而既可以保证各使用空间的安静和不受干扰，同时又能通过走廊把各使用空间连成一体，从而使它们之间保持着必要的功能连系（图2-24）。另外，由于走廊可长可短，因而用它来连接的房间可多可少。从它所具备的这些主要特点来看，适合于宿舍、办公楼、学校、医院、疗养院等建筑的功能连系特点，因而这些建筑多采用走廊式的空间组合形式（图2-25）。

2. 串联式

各个使用空间按照功能要求一个接一个地互相串联，一般需要穿过一个内部使用空间到达另一个使用空间。这种组合形式的特点是：①将交通连接空间寓于使用空间之内；②各主要使用空间关系紧密，并有良好的连贯性（图2-26）。与走廊式不同的是，串联式没有明显的交通空间，同时，各空间之间的联系比较紧密，有明确的方向性；缺点是各个空间独立性不够，流线不够灵活，且交通的穿越会使空间互相被干扰。如上海鲁迅纪念馆，共两层，每层设有五个陈列室，各展室相互串联并呈现U字形布局，观众可依次一次将全部展厅看完（图2-27）。再

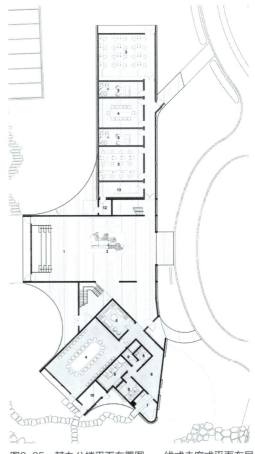

图2-25　某办公楼平面布置图——线式走廊式平面布局

如宜家商场的商业动线布局，每个家具展厅串联布置，顾客可以从第一个展厅开始，依次将每个家具展厅逛完，并将附属功能如餐厅、仓储式提货区空间布置在串联的动线上，路线清晰明确，避免遗漏（图2-28）。

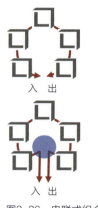

图2-26 串联式组合的人流及交通关系分析示意图

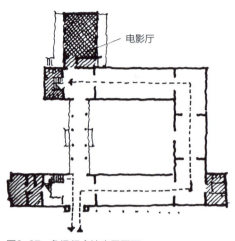

图2-27 鲁迅纪念馆底层平面

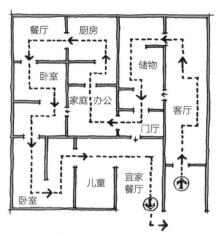

图2-28 某宜家商场商业动线图

三、放射式

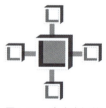

图2-29 多个空间的组合方式——放射式

在放射式组合中，集中式和线式组合的要素兼而有之，它由一个主导空间和一些向外放射扩展的线式组合空间所构成。集中式组合是一个内向的图案，趋向于中心空间聚集，而放射组合则是一个外向的图案，它向组合的周围扩展。正如集中式组合一样，放射式的中心空间一般也是规则的形式，以中央空间为核心的线式臂膀，可在形式、尺度方面相同，并保持空间整体组合的规则性（图2-29、图2-30）。

放射式组合变化的一个特殊变化是风车式图案，它的线式臂膀沿着正方形或规则的中央空间的各边向外延伸，形成一个富有动势的图案。如图粤港澳大湾区高性能医疗器械创新中心办公楼平面，风车式的放射形图案组合布局，四个不同的办公区域通

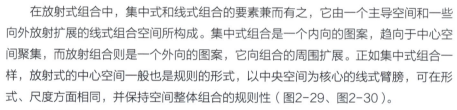

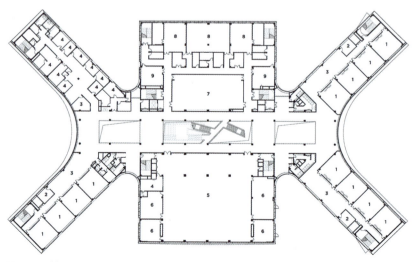

图2-30 某学校教学楼二层平面布置图——放射式

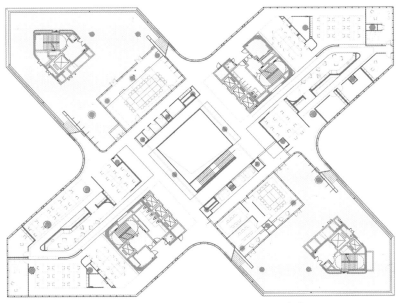

图2-31 粤港澳大湾区高性能医疗器械创新中心平面图——风车式

过线式的走廊作为臂膀，向外伸展，每个空间相对具有规则性，形成较好的构图形式，每个区域既相对独立，又保持紧密的联系（图2-31）。

四、单元式

单元式空间构成是将建筑物各种不同的使用功能划分为若干个不同的使用单元，并按照它们的相互联系要求，将这些独立的单元以一定的方式（连接体）组织起来，最终构成一个有机的整体，可以说，单元式考虑更多的是各个部分聚合在一起的方式，而不是聚合之后的形状（图2-32）。

单元的划分一般有两种方式：一是按建筑物内不同性质的使用部分组成不同的单元，即将同一使用性质的用房组织在一起，如医院、学校、宾馆等；另一种是将相同性质的主要使用房间分组布置，形成几种相同的使用单元，如住宅单元、幼儿园、中小学等（图2-33、图2-34）。

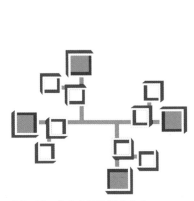

图2-32 多个空间的组合方式——单元式

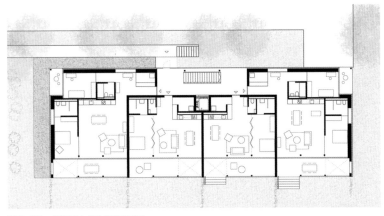

图2-33 某单元式住宅平面图

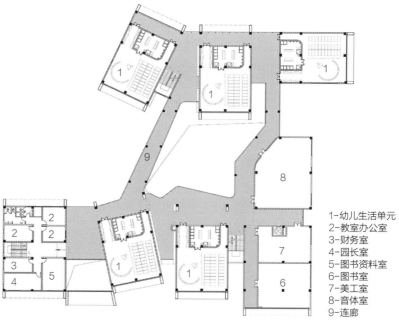

1-幼儿生活单元
2-教室办公室
3-财务室
4-园长室
5-图书资料室
6-图书室
7-美工室
8-音体室
9-连廊

图2-34 某幼儿园平面布置图

本章总结

　　本章的学习重点是建筑功能与建筑形式之间的关系，培养良好的分析和解决问题的能力，难点是了解功能与不同空间组合方式之间的制约关系后，以设计作为路径，满足功能需求的同时，实现有吸引力的空间塑造。

课后作业

　　案例学习：寻找3个经典建筑案例，分析其建筑功能对建筑空间形式的影响，从内部功能分区、交通流线组织理解该建筑的平面布局逻辑，并分析功能对建筑空间组合模式的规定作用，绘制分析图表达，以PPT文本形式呈现。

思考拓展

　　本章介绍了常见的建筑空间组织方式：集中式组合、线式组合、放射式组合及单元式组合，回想我们生活中经常使用频繁出入的建筑空间，或那些令你感觉舒适的建筑空间，抑或是令你印象深刻甚至令你心动的建筑空间，采用的都是哪种组合手法？除本章所介绍的之外，你是否还发现了其他形式的空间组合方式？

课程资源链接

课件

第三章　建筑空间与外部形体

　　建筑物的外部形体是建筑内部空间的反映，有什么样的内部空间就必然会形成什么样的外部形体。内部空间的形成又必须符合建筑功能的要求，所以建筑形体不仅是内部空间的反映，还应间接反映出建筑功能的特点。我们能看到各种各样的建筑形体，正是因为建筑的功能千差万别；而且同样一座建筑会由于设计师的不同，建筑形体不同，甚至是同一位设计师，也会因不同的构思使建筑功能不尽相同。

　　建筑外部形体的设计与建筑空间或者说建筑功能的设计是相辅相成的两个方面，在建筑设计的历史与现实实践中，二者之间的关系一直备受关注和讨论。

第一节　建筑空间与外部形体在设计上的关系

　　人们对一座建筑的第一印象往往是通过这座建筑的外形得来。建筑和人一样也有自己的性格特征，或者说是建筑的个性。这种个性首先通过建筑外形展现。由于建筑外形能够反映建筑功能，建筑功能也可以通过外形体现，那么究竟是建筑空间决定外部形体，还是外部形体决定建筑空间呢？

　　一般来说，存在两种基本的设计思路，即"先功能、后形式"和"先形式、后功能"。对于初学者来说，前一种设计思路更容易掌握，应用也更为普遍。这两种设计思路最大差别主要体现为方案构思的切入点与侧重点的不同。

一、先功能、后形式

　　"先功能、后形式"是以建筑的空间功能需求为基础，首先进行建筑的平面设计，当确立比较完善的平面关系和内部空间之后再依此设计建筑外部形体（图3-1）。

　　"先功能、后形式"的优势在于：第一，由于对建筑空间功能的要求是比较具体明确的，与造型设计相比，从功能入手进行平面设计更易于把控，也容易进行调整修改，对建筑设计初学者比较适合；第二，因为一般来说满足功能需求是一个设计方案成立的首要条件，因此从功能与平面入手可以尽快确立方案，提高设计效率。但其也有一定的不足之处。由于建筑造型的设计在平面设计之后，已确定好的建筑内部空间可能会在一定程度上影响建筑造型的设计，从而难以达到理想的建筑形象需求。

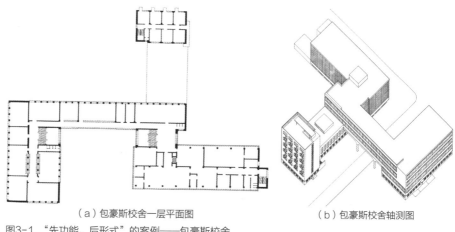

（a）包豪斯校舍一层平面图　　　　　　　　　　（b）包豪斯校舍轴测图

图3-1　"先功能、后形式"的案例——包豪斯校舍

二、先形式、后功能

　　"先形式、后功能"则是从建筑的造型入手进行方案的设计构思。当确立一个比较满意的建筑形体关系后，再反过来根据各个空间的功能需求来研究平面设计（图3-2）。

　　"先形式、后功能"的优势在于，设计者可以先自由发挥个人丰富的想象力与创造力，构思较为新颖和特别的外部形象，增强建筑的可识别度和美观度。但其不足之处是会导致之后的平面设计相对更为困难，特别是功能复杂、规模较大的项目有可能会花费更多的时间和精力，甚至需要重新设计。因此，该思路比较适合于功能简单、规模不大、造型要求高、设计者又比较熟悉的建筑类型。

　　在实际建筑方案设计中，以上两种思路可相互配合使用，特别是具有丰富经验的设计师可以在设计过程中交替使用。无论是从平面设计开始还是从造型设计开始，都需同时考虑另一方面的匹配度和适应度，并应及时进行调整。这种方式的熟练运用往往会产生功能需求和形象设计都较为完善的方案。

　　任何在设计上将这两者割裂的行为都将导致严重的后果：建筑结构的不合理、建筑外形缺乏形式美或者空间和材料的浪费等。同时整个建筑设计的流程也会变得相对混乱。

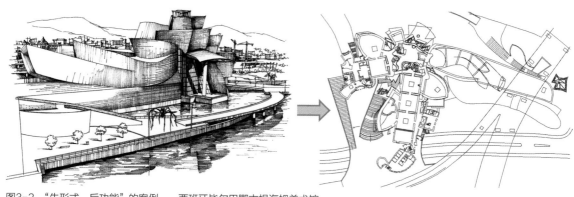

图3-2　"先形式、后功能"的案例——西班牙毕尔巴鄂古根海姆美术馆

三、外部形体与内部空间的处理手法

对于外部形体与内部空间的关系，设计者可以通过以下几种方式来处理。

1. 外部形体服从内部空间功能

外部形态可以忠实地反映内部空间的形状。这样的建筑往往是经济而实用的，有些有特殊功能的内部空间还会给建筑本身带来独特的造型（图3-3）。

2. 外部形体包含内部空间功能

建筑的外部形态也可以将内部空间"包裹"，这种设计广泛见于一些大型公共建筑。对于该类型建筑来说。其外围护结构除了承担必要的遮风挡雨的基本功能以外，还需要能够为建筑提供一个具有某种精神层面含义的外形，具有高度识别性（图3-4）。

3. 外部形体体现建筑性质

建筑外部形体的创造往往可以脱离功能的束缚，但其在一定程度上应该能反映建筑的性质。比如住宅的立面设计必定受到朝向的制约，所以我国大部分的住宅南立面都设置有阳台以及大面积的开窗，住宅的南立面必然是通透和轻盈的。相反，很多仓储式商业建筑外立面往往比较封闭，很少设置窗户。

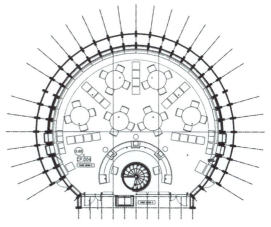

图3-3 外部形体服从内部空间功能——栖包屋文化中心

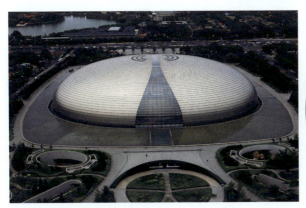
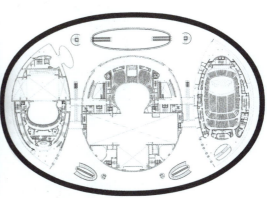

图3-4 外部形体包含内部空间功能——国家大剧院

第二节　建筑外部形体的美学原则

　　建筑外部形体在美学上的表现，从视觉角度来说与其他艺术设计类似。从创意构思到空间组合、色彩搭配、技术运用等都会带来视觉冲击力，也都遵循着艺术创作中美学的一般规律。这种一般规律均运用到了形式美法则，这是人类对美的形式规律的经验总结和抽象概括。

　　建筑外部形体中表现的形式美法则主要包括：主从与重点、均衡与稳定、对比与微差、比例与尺度、节奏与韵律等。学习建筑外部形体设计应当先学习和掌握这些法则，然后就可以利用后面课程中讲到的具体方法进行具体的设计。

一、主从与重点

　　在建筑的审美构图中，经常利用主从关系的对应来区别并强调其整体或部位的重要性。可以采用对称构图，突出中央主体部分（图3-5），也可以利用非对称布局通过形象上的对比和视觉衡来突出重点（图3-6）。在一个有机统一的整体中，各个组成部分的重要性应该加以区别，从平面组合到立面处理，从内部空间到外部形体，从细部处理到群体组合，都必须处理好主和从、重点和一般的关系。在一些采用对称构图的古典建筑中，对此做了明确的处理。现代建筑设计反对盲目追求对称，出现了各种不对称的组合形式，依然可以突出重点，区分主从，以求得整体的统一。如图示的美术馆建筑以几个大三角形作为建筑的主体，其他的几何形体是从属关系（图3-7、图3-8）。

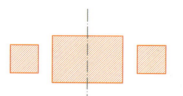

图3-5　对称构图的主从关系

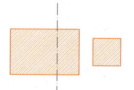

图3-6　不对称构图的主从关系

图3-7　美国国家美术馆东馆

图3-8　美国国家美术馆东馆与主从关系示意

二、均衡与稳定

均衡是指建筑左右或前后以及周围相邻环境间视觉感受的轻重关系；稳定是指建筑上和下、大与小所呈现的视觉感受上的轻重关系。一般来说，一切物体只有在重心最低和前后左右均衡的时候，才有稳定的感觉。人眼习惯于均衡与稳定的组合，均衡而稳定的建筑会带来安全感和视觉上的舒适感。

1. 对称均衡

对称本身就是均衡的。例如，北京中轴线两侧必须保持严格的平衡关系，所以凡是对称的形式都能够获得统一感（图3-9、图3-10）。

2. 不对称均衡

由于构图受到严格的制约，对称形式往往不能适应现代建筑复杂的功能要求。现代建筑师常常采用不对称均衡构图来进行设计。这种形式构图适应性强，显得生动活泼（图3-11、图3-12）。

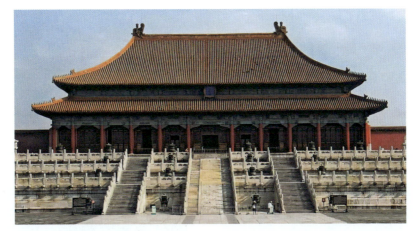

图3-9　对称均衡示意图　图3-10　北京故宫太和殿

图3-11　不对称均衡　图3-12　美国宾州米尔润市熊跑溪流水别墅

3. 动态均衡

对称均衡和不对称均衡形式通常是在静止条件下保持均衡的，又称为静态均衡。动态均衡则是物体在运动中也能保持的平衡状态，如飞鸟、自行车轮子等（图3-13）。建筑师参考常见的一些动态均衡，把建筑设计成有机物的外形、螺旋体形，或采用具有运动感的曲线等，都是采用动态均衡进行建筑形体的塑造（图3-14）。

4. 稳定

与均衡相对应的是稳定。如果说均衡着重处理建筑构图中各要素左右或前后之间的平衡关系，那么稳定则着重考虑建筑整体上下之间的轻重关系。传统设计总是把下大上小、下重上轻、下实上虚作为稳定的标准（图3-15）。但随着工程技术的进步，现代建筑师则可以创造出许多与这一标准相对立，但又不失稳定的新的建筑形式（图3-16）。

图3-13　动态均衡　　　　图3-14　广岛丝带教堂

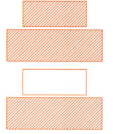

（b）邢台中国邢窑博物馆

（a）圣彼得堡拉赫塔中心　　　（c）蒙特利尔高尔夫俱乐部会所

图3-15　传统的稳定状态示意　图3-16　现代建筑表现出的稳定性

三、对比与微差

对比是指要素之间的显著差异，可以借彼此之间的烘托陪衬来突出各自的特点，以此带来变化（图3-17）；微差是指要素之间的不显著差异，可以借相互之间的共同性以求得和谐（图3-18）。在建筑设计领域，无论是内部空间还是外部形体，整体还是局部，单体还是群体，为了求得统一与变化，都离不开对比与微差手法的运用。如图3-19（a）中的建筑，各个朝向的窗子造型基本近似，大小比例略有差异，这是微差的手法；但是可以明显看到每个伸展出来的空间长短不一，造成明显的差异，这就是对比的手法。（b）中木质墙面的形状和上面玻璃窗切口形状相似，这是微差；但两者大小和材质均有明显差异，这又是对比。

图3-17　对比

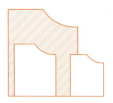

图3-18　微差

（a）德国维特拉展示中心

（b）德国釜山Villa Villekulla咖啡屋

图3-19　对比与微差在建筑中的体现

四、比例与尺度

谐调的比例可以带给人们视觉上和心理上的美感。在建筑形体设计中，无论是组合要素本身，各组合要素之间以及某一组合要素与整体之间，都应该保持着某种确定的比例关系。例如，长短、高低、宽窄等关系（图3-20）。任何一个要素打破这种关系就会导致整体比例失调。如图3-21中建筑立面的分格，（a）图中在同一的比例关系中又有中间部分大的变化，但两者的疏密和比例关系又十分得当；（b）图中则存在一种自始至终不变的窗格比例关系，但每个格子的比例关系恰当，整体视觉效果也比较好。

比例是相对的，一般不涉及具体尺寸，尺度则涉及具体尺寸。不过，尺度一般不是指真实的尺寸和大小，而是人们感受上的大小同真实大小之间的关系。尺度不同会给人带来不同的心理感受，如崇高或者亲切。建筑的尺度感往往通过建筑中一些不大会变化的要素体现出来，例如栏杆、踏步、人体尺度等（图3-22）。如图3-23所示，单纯观察建筑，我们会以人的视角来判断其尺度，不会发现实际尺寸巨大；当有人出现在这座建筑中成为衡量的标尺，才会通过对比看到该建筑尺度的异常。

（a）正立面

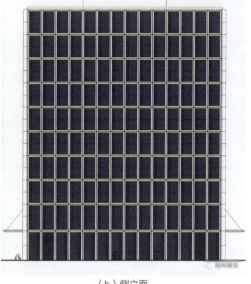
（b）侧立面

图3-21　北京中青旅大厦

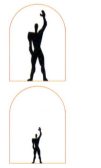

图3-20　黄金比例
与等腰三角形等比例

图3-23　泰国素林府大象世界艺术文化庭院

图3-22　尺度关系的
心理感受

五、节奏与韵律

  节奏是建筑形体上的一些要素有规律的、连续地重复。各要素之间保持一定的距离与关系，感觉就像乐曲中的节拍（图3-24）。韵律是指建筑形体上的一些要素在节奏基础上的有秩序的变化，高低起伏，更加富于变化美与动态美（图3-25）。

  建筑中的节奏与韵律还可以根据两者变化的异同分为以下四种形式：连续的节奏与韵律，渐变的节奏与韵律，起伏的节奏与韵律，交错的节奏与韵律（图3-26）。

  需要注意的是形式美法则虽已形成一些规律性的审美特性，但却不是固定不变的，更不是僵死的法则。随着时代的发展，形式美的法则也会不断发展变化。我们必须结合具体情况加以运用，使之有助于美的创造，而不要因这些法则拘束了美的创造。

图3-24　节奏示意图

图3-25　韵律示意图

| （a）挪威格里姆斯塔德新图书馆 | （b）澳大利亚国立大学John Curtain医学研究院 |

图3-26　现代建筑外部形态中的节奏与韵律

第三节　建筑结构

　　建筑空间与建筑外部形体要达到在设计过程中和最终成果上都统一谐调，还有一个重要的因素不能够忽略，那就是建筑结构。因为所有的方案设计最终需要建筑施工落地建成，而合理的结构形式是这座真实建筑的骨架，图纸上设计的内部空间和外部形体都要依靠这个骨架来最终实现。

　　以下是几种常见的建筑结构体系，这里仅进行简要的介绍。

一、墙承重体系

　　墙承重体系是以竖向的墙体作为建筑最主要的承重部分，其他承重部分则支撑在墙体上。墙承重体系按照墙体的不同可以分为混合结构、钢筋混凝土墙板结构等。如图3-27是混合结构，墙体是以砖、石、砌块等砌体由各种砂浆黏结叠砌而成，楼板多为钢筋混凝土构件。图3-28是一种钢筋混凝土墙板结构，墙体基本是现浇钢筋混凝土剪力墙。

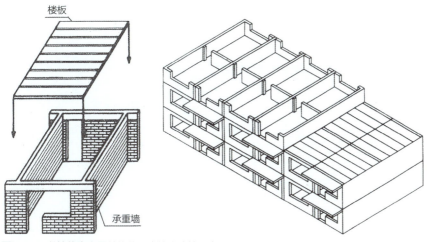

图3-27　以墙体为承重结构的混合结构建筑示意图

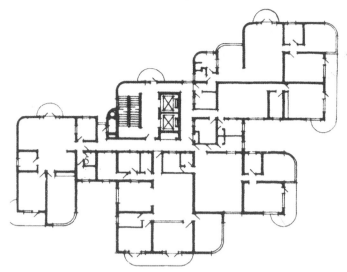

图3-28　以墙体为承重结构的现浇钢筋混凝土

二、框架承重体系

框架承重体系是以柱、梁、楼板为主要承重体系，建筑物本身和各种使用中产生的荷载由楼板传至梁再传至柱，最后传到基础和地面上。相较墙承重体系可以创造更大的空间和更高的建筑高度（图3-29）。

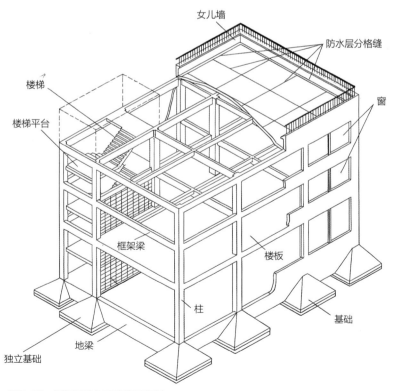

图3-29　框架承重体系建筑示意图

三、空间结构

空间结构是指在对面积和体积需求都比较大的建筑空间，利用新型的建筑结构技术和建筑材料创造出大型无柱空间的结构方法。该方法可以有效地解决大跨度建筑空间的覆盖问题，同时也创造出丰富多彩的建筑形象。常见的形式主要有。

（1）钢筋混凝土薄壳结构。建筑的外部形体像一个或多个薄薄的壳体（图3-30）。

（2）悬索结构。在空中拉起来的钢制悬索上挂上屋顶甚至是墙壁（图3-31）。

（3）网架结构。整个屋顶像一个巨大的多层的网格，可以覆盖很大的无柱空间（图3-32）。

（4）膜结构。建筑的屋顶和外墙面像一层半透明的薄膜，创造出巨大的室内空间，但在外形上又显得十分轻盈（图3-33）。

图3-30　薄壳结构

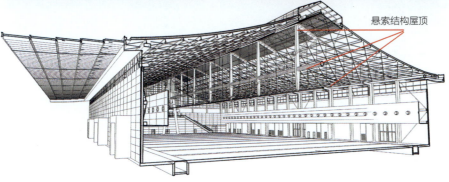

悬索结构屋顶

图3-31　悬索结构

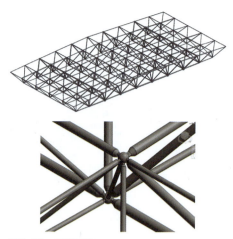

图3-32　网架结构 图3-33　膜结构

本章总结

　　本章学习的重点是了解和明确建筑内部空间与建筑外部形体之间在设计中的关系，熟悉并掌握建筑外部形体设计的美学原则，并了解结构选型对于建筑空间和建筑形体的重要性。

课后作业

　　尝试对一些著名中小型建筑内部空间和外部形体之间的关系进行分析，理解设计者是如何成功将两者紧密联系在一起形成一个完整谐调的整体的。利用本章讲解的美学法则对这些建筑的外部形体进行分析，看看设计者使用了哪些法则，或者还有哪些其他法则可以供借鉴。

思考拓展

　　建筑设计必须要考虑美学要素？把建筑功能与结构完美地解决是否就是一个好的建筑设计？或者把建筑造型做得美观，至于功能只要能够基本满足任务书要求就可以了？请同学们认真思考，并从日常生活和网络资源中找到只注重两者之一的案例和两者并重的案例，分析哪种做法更好？好在哪里？

课程资源链接

课件

第四章　建筑空间设计阶段划分

第一节　建筑方案设计的概念

　　广义的建筑设计，即构建一个或多个建筑物所需涵盖的全面任务，涵盖建筑学、结构工程、给排水工程、暖通工程、强弱电工程、工艺流程设计、园林规划及概预算等多个专业领域。在此过程中，建筑师扮演着核心角色，他们负责构思并设计建筑专业方案，着重于建筑总平面图设计、平面布局的优化，以确保建筑物与周边环境及外部条件的和谐共生，同时满足建筑的功能需求、塑造空间艺术与细节构造之美。这便是我们通常所说的"建筑设计"或特指的"建筑专业设计"。而其余专业领域的工程师则各司其职，分别负责结构、水、暖、电等系统的设计与布局，他们的工作成果最终需整合至建筑师的工作范畴中，具体体现于建筑的平面布局与空间设计中。鉴于建筑设计的复杂性与综合性，建筑师往往担任设计主持人的角色，负责整体工作的规划、协调与决策，以解决设计汇总过程中可能出现的功能、形象及技术上的矛盾与冲突，确保设计方案的顺利实施。

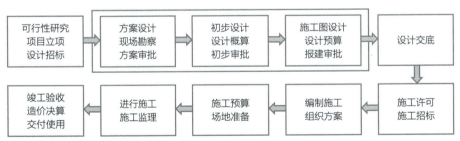

图4-1　建筑工程项目的环节示意图

　　如图4-1所示，每个建设项目的设计在时间上被细致地划分为方案设计、初步设计和施工图设计这三个紧密相连且职责分明的阶段。其中，方案设计阶段作为建筑设计的起点，肩负着确立设计哲学、塑造空间形态、适应环境条件及满足功能需求的重任，其在整个设计流程中扮演着开创性和指导性的关键角色。相较于方案设计，初步设计与施工图设计阶段则进一步细化了方案设计中确立的建筑形象，从经济合理性、技术可行性、材料选择、设备配置及构造方法等多个维度进行深入探讨与落实，为建筑施工提供了详尽且全面的技术指导。

　　正是由于方案设计阶段于整个建筑设计过程中的意义、作用重大，并且方案设计的学习需要一个系统而循序渐进的漫长过程，因此我们的设计课程更多地集中在方案设计阶段的训练上，而初步设计和施工图设计训练则主要通过建筑师业务实践来完成。本章重点论述的设计方法与设计步骤等基本内容亦界定于方案设计范围之内。

第二节　建筑方案设计的特点

建筑方案设计是建筑设计的最初阶段，为初步设计、施工图设计奠定了基础，是具有创造性的最关键环节。建筑方案设计具有以下五个方面的特点，即创造性、综合性、思维双重性、过程性和社会性。

一、创造性

建筑设计是一种创造性的思维活动。所设计建筑的功能、地理与人文环境、主观需求等千变万化，必须依赖建筑师的创新意识和创造能力，才能灵活解决各种具体的矛盾和问题，把上述内容物化成为建筑形象。创新不仅体现在建筑的外观形象上，还包括空间布局、功能组织、材料选用等各个方面。

二、综合性

建筑设计是一门综合性学科，是一项复杂的、综合性很强的工作。除了建筑学科本身以外，还涉及结构、材料、社会、环境、行为、心理、文化、经济等众多学科。因此，建筑方案设计需要综合考虑建筑的功能性、美观性、经济性、可行性等多个方面的要求。建筑师需要与结构工程师、给排水工程师、电气工程师等进行沟通和协作，确保设计方案的顺利进行。

三、思维双重性

建筑设计思维活动具有双重性，是逻辑思维和形象思维的有机结合。建筑设计思维过程实际上表现为"分析研究——构思设计——分析优选——再构思设计……"的螺旋式上升过程。在每一个"分析"阶段所运用的主要是逻辑思维；而在每一个"构思设计"阶段，主要运用的则是形象思维方式。

四、过程性

建筑设计是一个由浅入深、循序渐进的过程。在整个设计过程中，始终要科学、全面地分析调研，深入大胆地思考想象，需要在广泛论证的基础上选择和优化方案，需要不断地推敲、修改、发展和完善。如前所述，建筑方案设计是整个建筑设计过程中的一个阶段，主要是提出一个初步的设计方案。在后续的设计过程中，还需要进一步完善和细化这个方案，包括结构设计、施工图设计等。

五、社会性

建筑设计必须综合平衡建筑的社会效益、经济效益与个体特色三者之间的关系，将这些关系统一物化为具体的建筑空间与建筑形象。此外，建筑方案设计还应该考虑建筑的可持续发展和环境保护，在建造过程中和建成后都能够节约能源、减少对环境的污染。

第三节　建筑方案设计的基本流程

完整的方案设计过程按其先后顺序应包括设计筹备、概念构思、深入设计、调整细化和成果表达五个基本步骤。

需要强调的是，无论是课程设计还是实际的建筑设计，其方法与步骤都并非固定不变，而是高度灵活的，它们会根据训练时间的长短、训练目标的差异、设计要求的变更以及设计重点的转移而相应调整。在任何具体的设计实施中，都会遵循一个基本规律，即"一个大循环"结合"多个小循环"的运作模式。"一个大循环"涵盖了从设计筹备的初步阶段，到概念构思的创意迸发，再到方案优选的审慎抉择，深入设计的精细打磨，调整细化的不断完善，直至最终表现的完美呈现，这一系列步骤共同构成了一个完整的设计流程。严格遵循这一流程，是确保方案设计科学、合理、可行的基石。在此过程中，每一步骤、每一阶段都紧密相连，彼此支撑，共同推动设计的深入发展，每一步都承载着特定的目标与处理重点，不可或缺。而"多个小循环"则体现在设计过程中的每一步骤都与前面的步骤、环节形成紧密的反馈与迭代。每当进入一个新的设计阶段或步骤，都需要站在新的视角，重新审视并梳理设计思路，对功能、环境、空间、造型等关键因素进行深入研究与分析，以便更准确地把握方案的特点，及时发现并解决问题症结，从而推动设计不断深化与完善。

一、设计筹备阶段

设计筹备阶段作为方案设计过程的第一步，其目的是通过必要的调查、研究和资料搜集，系统掌握与设计相关的各种需求、条件、限定及其实践先例等信息资料，以便更全面地把握设计题目，确立设计依据，为下一步的设计理念和方案构思提供丰富而翔实的素材；调研分析的对象包括设计任务、环境条件、相关规范条文和实例、资料等。这一阶段，犹如建筑师在绘制蓝图前的深思熟虑，是确保后续设计能够精准对接实际需求、巧妙融合环境要素、严格遵循行业规范的关键所在。通过一系列精心策划的调查、研究及资料搜集活动，设计筹备阶段致力于构建一个全面、细致且富有洞察力的信息框架，为后续设计工作的顺利展开奠定坚实的基础。设计筹备阶段的主要工作任务归结如下几方面。

1. 深入调研，洞悉需求

在设计筹备阶段，首要任务是进行详尽的需求调研。这不仅仅是对设计任务书的简单解读，更是对设计目标、用户群体、功能需求等多维度信息的深入挖掘。通过问卷调查、访谈交流、现场勘查等多种方式，设计师能够直接获取来自客户、用户及利益相关者的第一手资料，从而更加准确地把握设计项目的核心诉求。

2. 细致研究，把握条件

环境条件作为设计的重要考量因素，在设计筹备阶段同样需要得到充分的重视。这包括自然环境（如地形地貌、气候特征、植被分布等）和人文环境（如历史文化、风俗习惯、社会结构等）两个方面。通过对环境条件的细致研究，设计师能够更好地理解设计场地的独特性，从而在设计中融入更多地域特色和文化元素。

3. 严谨分析，遵循规范

设计筹备阶段还需对相关规范条文进行严格的解读与分析。这些规范条文是设计工作的基本准则，直接关系到设计成果的安全性、实用性和可持续性。设计师需熟练掌握并灵活运用各类设计规范，确保设计方案在符合法律法规要求的同时，也能满足使用者的实际需求。此外，通过借鉴国内外优秀的设计实例和资料，设计师可以不断拓宽视野，提升设计水平，为设计方案的创新提供有力支持。

4. 素材积累，构思方案

在完成了上述调研、研究和分析工作后，设计筹备阶段还需对收集到的各类信息进行系统地整理与归纳。这一过程不仅有助于设计师更全面地把握设计题目，还能为下一步的设计理念和方案构思提供丰富而翔实的素材。通过深入分析设计任务、环境条件、相关规范及实例资料等，设计师可以逐步明确设计方向，形成初步的设计构思。在此基础上，设计师可以进一步发挥创造力，运用专业知识与技能，将设计构思转化为具体的设计方案。

设计筹备阶段作为方案设计过程的第一步，其重要性不言而喻。通过深入调研、细致研究、严谨分析及素材积累等一系列工作，设计师能够更全面地把握设计题目，确立设计依据，为后续的设计理念和方案构思提供有力支持。这一过程不仅考验着设计师的专业素养与综合能力，更彰显着设计工作的严谨性与科学性。

设计筹备阶段的工作内容和具体方法，将会在本书第五章进行详细介绍。

二、概念构思阶段

完成调研分析与资料收集工作后，设计者对设计要求、环境条件以及相关实例已有了一个比较系统而全面的了解与认识，并得出了一些原则性的结论，在此基础上即可开始第二阶段——概念构思阶段的工作。

构思是建筑设计的重要环节，其目的在于通过深入且全面的思考与分析，准确理解并把握功能、环境等核心要素的特性和本质。在此基础上，为构建建筑的空间布局和形象轮廓奠定坚实基础。各种设计相关的客观要素，如场所、文脉、环境等，以及与具体设计项目紧密相连的各类因素，均可能成为激发建筑师灵感的源泉。一个独特的功能需求、严苛的基地条件、新颖独到的观点，乃至不期而遇的小事件，这些因素均可能在设计师心中酝酿出独特的设计理念——想法。在概念构思初步阶段，设计师会进一步挖掘和提炼这些想法，将其转化为具有可操作性的设计策略，其主要工作内容可以概括如下。

1. 进行深入设计策划与定位，明确项目的核心价值和设计目标

这包括对项目功能、空间需求、环境适应性的全面考量，以及对设计理念的进一步提炼和明确。例如，一个文化中心的设计可能需要强调其公共性、开放性和文化

性，而一个住宅小区的设计则可能更注重私密性、舒适性和便利性。

2. 围绕设计理念展开创意主题的构思

创意主题不仅是对设计理念的具象化表达，更是贯穿整个设计过程的精神内核。它可能来源于对场地特性的独特解读，对文化背景的深刻挖掘，或是对未来生活方式的预见性思考。例如，一个以"自然共生"为主题的建筑设计，可能会将自然景观引入建筑内部，通过绿植墙、屋顶花园等手法，实现建筑与自然环境的和谐共生。

3. 初步空间规划与总体布局阶段

在这个阶段，设计师会根据设计理念和创意主题，对建筑的空间结构进行整体规划和布局，考虑建筑各功能区域的相互关系，确定建筑的主要朝向、聚集程度、功能关系等。

4. 确立方案的造型原则

根据建筑的功能需求、审美价值和技术条件，确定建筑的造型风格和表现形式。

在构思的基本判断环节结束后，将根据初步构思的结果，从不同的切入点展开进行深入构思设计。设计构思阶段的特点是开放性和不确定性，可以在相同条件和要求下产生多种不同的设计方案。通过多方案的比较、修改和完善，最终选择一套最满意的方案作为这一阶段的最终成果。方案的构思主要通过草图设计、方案模型设计等形式与手段进行推敲与交流。

通过概念构思阶段的努力，设计师将能够初步形成方案的框架和轮廓，为后续的设计工作奠定坚实的基础。概念阶段的工作内容和具体方法，将会在本书第六章进行详细介绍。

三、深入设计阶段

深入设计阶段是在概念构思设计工作完成的基础上再次深化各项设计内容，将粗浅的意向逐一落实。深入设计阶段是建筑方案设计的核心阶段，在此阶段基本任务是对建筑内部功能空间和外部造型进行深入设计。

建筑内部功能空间设计主要通过平面布置图、功能与流线分析图、剖面示意图以及必要的空间透视和轴测分析图进行呈现表达；建筑外部造型主要通过立面设计图和外观效果图的形式进行呈现。

需要注意的是，建筑内部功能设计和外部形体设计在方案中往往是需要同时兼顾，共同考虑的，不仅要深入探索空间内部的实用性、合理性和高效性，还需细致考量各功能空间的相互关系与联动效应。一个成功的建筑设计，不仅仅是内部功能的完美实现，更是内外统一、和谐共生的，在深入设计阶段，应树立全局观念和综合意识，明晓"牵一发而动全身"，调一点需整全局的道理。深入设计阶段的工作内容和方法，将分为建筑内部功能空间设计和建筑外部造型设计两个部分，在本书第七章和第八章中进行详细介绍。

四、方案的调整、细化和表达

建筑方案设计的过程是一个动态的图示思维表达的过程，建筑师在此过程中常常需要根据实践中出现的问题不断地进行设计方案的比选、调整与优化，以寻求更好的解决方案，直至拿出最终的设计成果。在调整发展和深入细化阶段，需要对优选出来的方案进行调整与修正，主要是已有设计内容中存在的问题；同时将方案做进一步的调整与细化，最终确定方案的各部分内容与各种细节。通过这一阶段来确定最终的设计方案。

设计方案最终确定后，需要将所有的设计成果进行可视化，展现方案的效果和各个方面的特点。最终确定的建筑方案可以通过建筑的总平面图、各层平面图、主要立面图、剖面图、效果图、实体模型、动画视频等多种方式进行表达。这些内容将在本书第九章中进行较为详细的介绍。

本章总结

本章学习的重点是理解建筑设计的基本特征，熟悉建筑方案设计的基本流程，了解每个阶段中的基本任务和工作内容，学会根据项目的规模、特征和综合需求，灵活安排方案设计的进程。

课后作业

（1）谈谈建筑方案设计分为哪些阶段？每个阶段的主要任务是什么？

（2）结合你的理解，谈谈建筑方案设计在整个建筑工程设计流程中处于什么样的地位和角色？

思考拓展

在整个工程项目进程中，由于项目的复杂性和综合性，以及需要多专业的配合，建筑师往往担任设计主持人的角色。思考作为设计主持人，建筑师的主要工作职责是什么？团队协作在设计进程中的重要意义是什么？

课程资源链接

课件

第二部分

实践部分

第五章　设计筹备阶段

第一节　任务导入

设计筹备阶段是建筑空间设计工作的第一个步骤，好的开始是成功的一半，该阶段工作的全面性、准确性、有效性很大程度上决定了整个设计成果的优劣，因此其重要性不容忽视。只有在这个阶段做好充分的准备工作，才能为后续的设计工作奠定坚实的基础，确保整个设计过程的顺利进行和最终设计成果的优质呈现。

设计筹备阶段的主要工作流程分为四个步骤：项目解读、项目调研、项目分析及视觉输出、设计对策及概念定位（图5-1）。

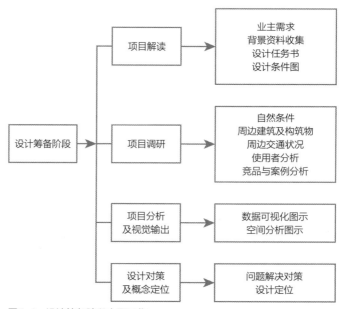

图5-1　设计筹备阶段主要工作

知识目标

（1）了解设计筹备阶段的主要工作流程和内容。

（2）进行项目可视化输出的方法。

能力目标

（1）信息采集、整理和分析的调研能力。

（2）良好的沟通能力。

第二节 任务要素

一、项目解读

1. 了解业主需求

项目解读筹备阶段的主要职责之一是与业主及相关部门建立沟通，了解项目的需求、想法和预算。这包括但不限于业主对建筑物的预期用途、使用功能、空间要求以及任何特殊的设计或预算限制。通过这种沟通，可以确保设计方向与客户的需求相匹配，同时也为后续设计阶段的深入奠定基础。通过不断地交流和讨论，我们可以及时发现并解决问题，避免在后续工作中出现不必要的麻烦和损失。在洽谈初步达成一致之后，需明确设计时限、设计要求，并签订合同，然后开始编制设计进度计划表，考虑各有关工种的配合与协调。

2. 项目背景资料收集

根据调研内容和侧重点的不同，利用用户问卷、网络信息收集、案例分析、数据统计、书籍查阅、规划资料研读等形式，收集各方面信息，并进行细致地分析和整理。通过背景资料的收集整理，设计师可以了解项目的背景、市场环境、技术发展趋势等信息，为后续的现场调研和设计工作提供有力的支撑。在进行资料收集时，设计师需要注重资料的全面性和准确性。要尽可能收集到与项目相关的所有资料，并对这些资料进行仔细的分析和比对，以确保所得信息的真实性和可靠性。同时，设计师还需要具备一定的资料整理和分析能力，能够从中提取出有用的信息，为项目的设计提供有益的参考。

3. 设计任务书解读

任务书是项目执行的指导文件。较为大型或正式的项目，设计师除了通过口头沟通获取客户需求之外，更多的时候会由甲方提供一份详细的设计任务书来说明需求。设计任务书是由甲方的团队编制或者委托有能力的公司编制的有关工程项目的具体任务、设计目标、设计原则及技术指标的技术需求文件，以及用于向设计方交代设计任务和工作方向的委托文件，通过招标投标或设计委托的方式交给设计方。任务书明确了项目的具体范围、设计条件、工作内容、设计要求、成果要求、各项经济技术指标、进度要求等问题，任务书解读是项目成功的关键环节。

设计任务书是设计师项目操作的指南，设计任务书内容越具体、要求越详细，设计对接越具有针对性。所以当我们拿到设计任务书时，务必详细解读并将其对设计有直接指导作用的内容摘录、整理出来，同时记录每次和客户对接时了解到的设计任务书之外的诉求。这样才能更准确地完成设计任务，为客户交出一份满意的答卷。

4. 解读设计条件图

设计任务书中的项目概况仅仅是对项目的简短介绍，更重要的是需要向甲方获取并详细解读原始基础图纸及相关背景资料。设计总平面图反映了设计场地的周边情况、道路交通情况、场地标高、建筑退线、绿化布置等重要信息。对于改造项目，还应该获取原始建筑设计图纸，建筑图纸反映了项目的平面布局、功能分布、结构形式、层高关系、空间利用以及外观形式等信息，是进行改造设计的重要依据。基于对项目原始空间的了解，再进行意向设计资料搜集，逐步生成恰当的设计初步概念。

二、项目调研

项目调研是对选定的建筑地点进行详细的考察和分析。这是项目筹备阶段的重要环节，此阶段需要评估场地的自然条件、交通情况、周边环境等因素，以确定建筑的功能布局和最佳位置，不同的场地情况，价值和机遇完全不同，建筑物所处的地段、交通、周边的人群特征、区域文化氛围，建筑的结构形式、规模、布局形式等基础条件，决定了即将建设的建筑物的性质特征。只有充分了解场地的价值，优势和劣势，才能在设计中最好地利用当下条件，将场地优势得以最大限度发挥，了解环境中的各项参数后，对接下来的设计进行"量身定制"，才能创造适合系统环境的最优设计。项目调研主要包含以下内容。

1. 场地自然条件

场地自然条件是决定场地新建建筑的重要因素，合理利用场地自然资源，扬长避短，对新建建筑物的实用性和可持续性，提高使用效率，体现建筑特色、保护环境及生态系统至关重要。建筑设计场地现状自然条件调研的内容主要包括。

（1）地理位置和地形地貌：了解建筑场地的纬度、海拔高度、地形地貌等，以便评估其对建筑设计的影响。

（2）气象条件：收集场地的气温、降水、风向、风速、日照等数据，以便在设计时考虑这些因素对建筑能耗、采光、通风等方面的影响。

（3）水文状况：调查场地周边的水体，如河流、湖泊、水库等，了解其水位、流速、水质等情况，以避免可能的洪涝灾害并合理利用水资源。

（4）土壤类型与地质结构：了解场地的土壤类型、地质结构、承载能力等，以便在设计时考虑这些因素对建筑基础、地基处理等方面的影响。

（5）植被覆盖：调查场地周边的植被类型、覆盖程度等，以便在设计时考虑这些因素对建筑保温、隔热、景观等方面的影响。

（6）生态环境：评估场地周边的生态环境，如生态敏感区、自然保护区等，以便在设计时避免破坏生态环境并合理利用自然资源。

2. 设计场地周边建筑

场地周边基地所处的大环境，是一个各种因素综合作用的大系统，对即将建成的新建建筑有着深刻影响。场地周边地理环境层面，应该关注的主要因素有基地所处的区域位置、交通条件及未来的交通规划、周边建筑群使用性质、形态特征及建筑语境，基础设施情况、景观视线质量等。在这些因素当中选择主要因素，作为接下来设计的切入点。

场地周边建筑调研的内容主要包含建筑特点与特色、建筑用途与功能、建筑密度与层数、建筑景观与视野条件、建筑物的使用评价等等。如图5-2所示，武汉中海中心高层的视线空间质量分析，在对项目周边建筑物和构筑图的情况进行调研后，通过空间模型模拟将建成的项目周边遮挡物情况，从而对不同方向、不同高度的景观视野质量进行分析，作为后续设计的切入点。

3. 场地交通状况

建筑前期场地交通状况调研对于建筑项目具有较重要的意义。对周边交通的研究可以帮助我们确定建筑物的出入口位置，以优化交通流线，提高交通效率。另外，通过调研场地周边的交通状况，可以了解现有的交通网络和设施，从而更好地规划建筑

| 绿化景观视角
GREEN LANDSCAPE VIEWS | 湖水景观视角
LAKE LANDSCAPE VIEWS | 都市视觉走廊
URBAN EDGE VIEWS | 较差或被阻挡视野
OBSTRUCTED VIEWS |

图5-2 武汉中海中心高层视线空间质量分析

内部的交通组织，处理内部水平及交通流线。同时，对场地交通状况的调研也有助于建筑师了解行人和车辆的通行情况，从而更好地规划建筑物的安全出口和交通标识，并了解建筑物的最佳展示角度，提高建筑物的实用性和利用率。

场地交通状况调研的主要内容包括如下。

（1）道路网络：了解场地周边的道路等级、道路宽度、道路状况（如是否平坦、有无障碍物等）以及道路网布局。

（2）交通流线：观察并记录场地周边的交通流线，包括人行道、车行道和非机动车道，分析交通流线的合理性以及是否存在瓶颈、拥堵等问题。

（3）交通设施：调研场地周边的交通设施，如停车场、公交站、地铁站等，了解其规模、布局和服务对象。

（4）出入口设置：调查场地周边的出入口设置，包括车辆出入口和行人通道，分析其设置的合理性和安全性。

（5）行人出行习惯：通过访谈和问卷调查，了解周边居民和工作人员的出行习惯，包括出行目的、出行方式、出行时间等。

（6）停车需求：调查场地周边的停车需求和停车设施情况，包括停车场、路边停车位等。

（7）公共交通：了解周边公共交通线路的布局和覆盖范围，以便评估公共交通对建筑设计的支撑能力。

以上场地调研内容需要我们运用观察法、测量法、访谈法等方法，对场地的基本情况观察和记录，集合查阅相关资料、地图、规划等，了解场地的环境背景，通过拍照记录、地图信息标注、手绘简图等方式记录场地的自然环境信息（图5-3）。

4. 使用人群调研

人群调研就是对新建项目的使用者进行调研。详细的使用人群调研可以建立精准的用户画像，对办公空间的定位、布局模式、空间形象特征有着决定性影响，是在对拟建建筑空间的人群进行分类定位之后，将其行为特征和需求模式进行结合分析，作为接下来设计的主要依据。设计场地使用人群调研的主要内容主要包括使用人群的年龄、性别、职业、收入等基本信息，场地使用频率与时间，人群行为与活动类型，人群需求与满意度，文化和社交活动等（图5-4）。

场地使用人群的调研一般通过问卷调查法、观察记录法、访谈法、数据分析法、文献法等方法实现。

5. 竞品与案例调研

一个新建项目的落成，自然要对与项目相关的相似案例进行研究，一方面是从相

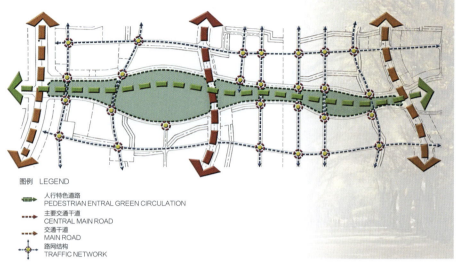

图例 LEGEND

人行特色道路
PEDESTRIAN ENTRAL GREEN CIRCULATION

主要交通干道
CENTRAL MAIN ROAD

交通干道
MAIN ROAD

路网结构
TRAFFIC NETWORK

图5-3 某设计场地交通状况分析图

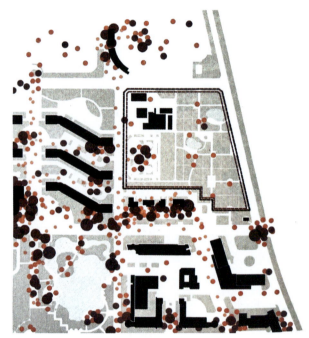

图5-4 某大学校园人群密度分析图

似案例中得到借鉴，从中获得项目成功的经验，一方面是了解与拟建建筑同期完成，对本项目有影响力和竞争力的竞品项目，力求使拟建项目与竞品项目创造差异，以提高竞争力。

6. 场地文化资源挖掘

场地文化资源的挖掘需要设计师深入理解场地的历史背景、文化特色和地域特征，从而在设计中更好地融入这些元素，创造出具有独特魅力的建筑空间。场地文化资源包含并不仅限于以下几个方面。

（1）历史沿革：研究场地所在区域的历史沿革，了解其历史事件、重要人物和历史变迁，挖掘场地的历史价值和文化内涵。

（2）地域文化：分析场地所在地区的地域文化特征，包括当地的风俗习惯、传统工艺、民间艺术等，这些文化元素可以为设计提供丰富的灵感来源。

（3）建筑遗产：研究场地周边的建筑遗产，包括历史建筑、传统民居等，分析其建筑风格、结构特点和空间布局，从中汲取设计灵感。

（4）社会经济：了解场地所在区域的社会经济状况，包括产业结构、经济发展水平、居民生活方式等，这些因素对设计的定位和功能布局有重要影响。

场地文化资源挖掘可以帮助设计师更好地把握场地的文化脉络，将场地的历史、文化、自然和社会经济等多方面因素融入设计之中，创造出具有地域特色和文化内涵的建筑空间。

三、项目分析及视觉输出

我们将前期设计调研的结果进行归纳整理后，需进行可视化图像的输出，也就是分析图的绘制，以便于更好地将调研所发现问题的逻辑梳理清晰，将数据可视化。常见的分析图示主要分为数据可视化图示和空间分析图示。

1. 数据可视化图示

数据可视化图示是将调研收集到的数据以图形、图表的形式进行呈现，使复杂的信息更加直观、易于理解。常见的数据可视化图示有柱状图、饼状图、折线图、雷达图、旋风图、文字云、循环图、流程图、桑基图、维恩图等，其基本信息、适用场景及表达要求和图例信息见表5-1。

表5-1　　　　　　　　　　　　　　数据可视化图示信息表

图表类型	基本信息	适用场景	表达要求	图示
柱状图	由一系列高度不等的纵向矩形表示数据分布的情况	常用于表达影响设计对象的某一类因素或者条件在时间维度中的变化关系	量化比较	
饼状图	表示一个数据系列中各项的大小与各项总和的比例关系	建筑功能比例、场地使用方式或使用人群类型等	比例关系	

图表类型	基本信息	适用场景	表达要求	图示
折线图	一般用来表示连续时间的变化趋势，分析一个固定值在不同时间点的变化	常用于展示与设计对象密切相关的背景信息	变化趋势	
雷达图	由中心点开始沿轴向呈放射状发散，不同的轴向代表不同的变量，放射外点距离中心的距离表示该变量在该方面的数值大小或变化趋势	常用于表示某一地区的风向状况（如风玫瑰图），设计对象不同功能空间的使用强度、人流密度，或某地块的交通可达性等内容	比较关系	
文字云	将不同的文字组整合为集合团形状，并将出现频率较高的"关键词"，通过放大尺寸或变更字体颜色的方式予以突出	形象理解设计的主要内容和关键词，同时还可以揭示词语之间的关联关系和主题分布	功能关系	
桑基图	是一种特定类型的流程图，其延伸的分支的宽度对应数据流量的大小，最明显的特征是始末端的分支宽度总和相等，保持能量的平衡	常用于前期的设计结构组织、功能布局、设计理念阐述宏观局面，整体概念的表达	能量流动	

2. 空间分析图示

空间分析图示侧重于将场地、建筑或空间的实际状况通过图形化的方式表达出来，帮助设计师更直观地理解空间关系、布局及存在的问题。在建筑设计的前期分析中，常见的空间分析图示主要有气泡图、信息地图、拼贴图、图底关系分析图、过程演进图、矩阵图、爆炸图、叠层图等方式，其基本信息、适用场景及表达要求和图例信息，见表5-2。

表5-2 　　　　　　　　　　　　　空间分析图示信息表

图示类型	基本信息	表达内容	表达要求	图示
气泡图	直观表示不同事物间的联系，通过尺寸大小及颜色不同表示不同元素的比例关系及层级属性	通过气泡的大小表达设计对象的影响因素强弱，通过气泡的位置表达气泡间的相对位置关系或空间定位	功能关系	
信息地图	以图形化的方式展示信息的图示，可以涵盖各种类型的信息，描述数据资源的属性、特征和关系，帮助设计师更好地理解和使用现场数据	依据所要表达的概念，将各要素组合或单独提取，进而在地理空间层面上，表达各要素之间或整体与要素之间的相互制约关系	数据信息	
拼贴图	是一种综合性的图像处理方式，通过重构、叠层整合粘贴不同的素材以形成复合图像	通过模拟真实环境的方式，表达设计师对于现实场景的未来愿景，是一种建议式的空间再现	信息关系	
图底关系分析图	表达图形与其背景之间的关系，图形是人们关注的焦点，而背景则是用来突出图形的重要性和清晰度。通过强烈的对比效应和直观的辨识图案，能相对准确地传达设计理念	帮助设计师更好地理解建筑与场所的关系、布局方式及场地建筑功能等	肌理要素	

图示类型	基本信息	表达内容	表达要求	图示
过程演进图	在充分理解和分析建筑产生的条件的基础上，将建筑的设计过程拆解为彼此关联的场景片段，并最终以简明流畅的线性过程予以展示	由简单清晰的逻辑支撑，每一个变化或者推进步骤都需要抽象为简洁的几何形式进行表述，是凝练和优化设计概念的过程	演变过程	
矩阵图	利用视觉习惯特点设计的阵列图表，适合说明每个单体之间的细微比较	利用每个单体间变化的逻辑关系来展示设计过程、分析空间多样性、区分来分析空间构成	差异比较	
爆炸图	将建筑或者场地环境等按照设定的逻辑，从横向及竖向两个维度上将目标对象的外部及内部各个元素进行扩散式拆解	爆炸图能够直观地表达设计对象的拆分步骤及空间、功能等层次结构	空间结构	

3. 调研数据可视化表达的基本原则

分析图的可视化表达是数据分析和信息传达的重要手段。为了分析图示的有效性和可读性，应遵循以下原则。

（1）一图一事。一张图只说明一个问题。这个原则强调图表的目标应该单一、明确。每个图表都应该有明确的主题或信息，避免在一张图中展示过多的信息，这会使原本复杂的信息变得更加混乱和难以理解。这需要我们在开始制作分析图之前，要明确图表的目标和所要传达的信息。确定主题是关键，有助于选择合适的数据和图表类型（图5-5）。

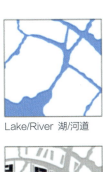   

Lake/River 湖/河道　　Road 路网　　Grid/Frame 网格/框架　　Region/Edge 区域/边界

Matrix 矩阵　　Ring 环　　Catalyst 催化剂　　Overlapping 叠加

1km×1km　　Vegetation 绿化　　Positive 图　　Negative 底

图5-5　某城市区域空间结构分析

（2）抽象简化。分析图的可视化表达需要遵循抽象简化的原则，以清晰地传达信息和数据。应避免不必要的细节和冗余信息，只保留关键元素和必要的数据点，提高图的清晰度和可读性，并选择简化的图形和图标，并通过调整图形的大小、位置、颜色等方式，突出主要信息和重要数据，令人更容易关注到关键内容。另外在多张图表中，应保持风格、符号、颜色等的一致性，使人能够轻松地比较和关联信息（图5-6）。

（3）自我说明。分析图的可视化表达的自我说明原则是指图表应该能够自我解释，即使没有过多的文字说明，也能够让人更容易地理解图表所传达的信息（图5-7）。

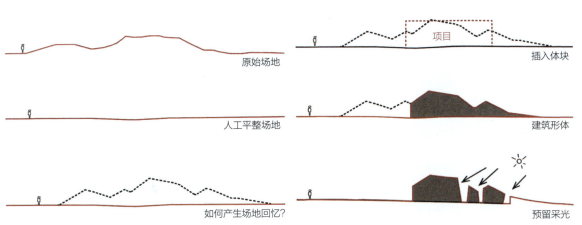

图5-6　基于地形特征的建筑形态生成过程图示

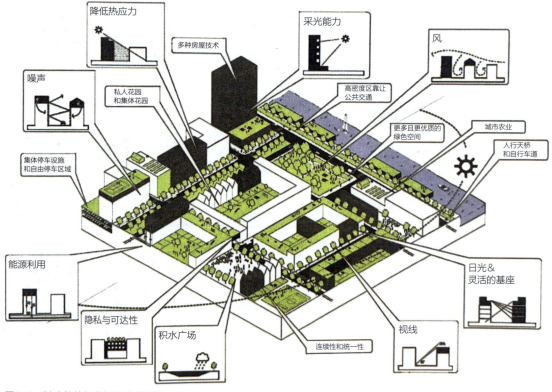

降低热应力

采光能力

风

多种房屋技术

噪声

私人花园
和集体花园

高密度区靠让
公共交通

城市农业

更多且更优质的
绿色空间

人行天桥
和自行车道

集体停车设施
和自由停车区域

能源利用

日光&
灵活的基座

隐私与可达性

积水广场

视线

连续性和统一性

图5-7 某建筑外部空间设计分析图

四、设计对策及概念定位

对新建项目进行前期调研的主要目的是了解设计的各项参数以实现最优设计。在对业主需求、项目基地、使用人群及相关案例进行充分了解后，我们就基本掌握了项目的优势、劣势、机遇和威胁，具备了对新建项目进行SWOT分析[1]的条件，对展开进一步的概念设计有了较为精准的定位。

设计调研的最大价值在于发现项目条件中隐藏的优势潜力和存在的问题，我们可以针对基地的优势，提出将其合理利用的最优策略，并针对现存问题提出解决的方案，并通过可视化语言进行表达，将其作为概念进一步展开的依据，实现发现问题——分析问题——解决问题的逻辑。

第三节　任务实施

一、任务布置

对课程设计大作业基地进行前期调研分析。

---

[1] SWOT分析，即S：Strangthg 优势；W：Weaknesses劣势；O：Opportunities机遇；T：Threats威胁。

二、任务组织

（1）调研实训。对拟改造设计基地进行调研，2～4人一组，进行现场测绘、环境观察记录，教师进行现场指导，包括但不限于问卷调查法、访谈法、拍照摄像、图文记录等调研方法。

（2）课下作业。①收集拟建建筑场地的背景资料及设计条件图，整理加工现场调研的信息，整理调查问卷及访谈信息。②了解使用者的必要行为、高频行为与偶发行为，公众行为与个体行为，分析总结问卷得出的数据信息。③分析调研中所发现的基地现状存在的问题，并应对问题提出拟对该基地建筑进行改造设计的设计原则和策略。

三、任务准备

准备好调研记录及测量工具，小组成员做好分工，在充分解读设计任务书的基础上，结合设计特征及要求，有目的地进行场地调研及信息整理。

四、任务要求

整理项目背景资料，并结合现场调研成果，绘制项目前期分析图。

（1）通过调研（图文结合），对调研结果进行深度研究，绘制场地综合分析图，包含但不仅限于以下形式及内容。①分析图形式提示：功能气泡图、文字云、图底关系分析图、桑基图、拼贴图、过程演化图、矩阵图、爆炸图。②分析图内容提示：场地的空间格局分析、空间概念要素分析、历史文脉分析图、空间关系分析图、路径规划分析、场地肌理图底关系分析、场地周边建筑分析图、植物配置及分布、使用者行为活动分析、道路交通环境分析、视线分析、SWOT分析等。

（2）搜集并分析设计相关案例，图解分析各案例的主要设计理念和设计手法。

（3）结合场地调研及背景资料所发现的问题，提出设计的策略及愿景，并进行图示表达。

五、任务呈现

在调研阶段，采集到的项目调研资料信息往往是零散而繁杂的，并非所有信息都能应用到设计中，项目分析环节的任务是对采集调研到的信息进行分类整合，由此发现场地现状的问题，找到设计的创意点和切入点。以下将展示教学过程中学生的部分分析图成果。

1. 调研场地环境分析图（图5-8～图5-13）

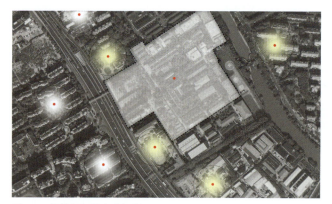

图5-8　场地周边影响因素分析

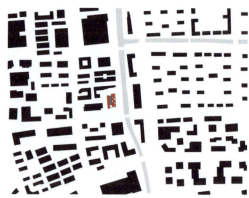

图5-9　场地图底关系分析图

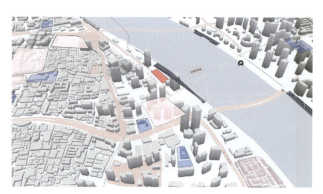

图5-10　基地位置分析图

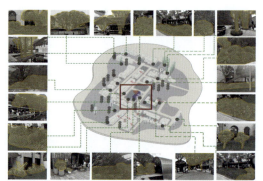

图5-11　场地现状问题分析

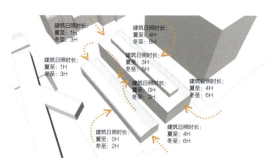

图5-12　场地日照分析图

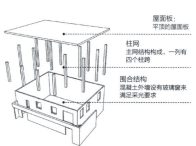

图5-13　原始建筑结构分析

2. 调研场地空间关系分析（图5-14）

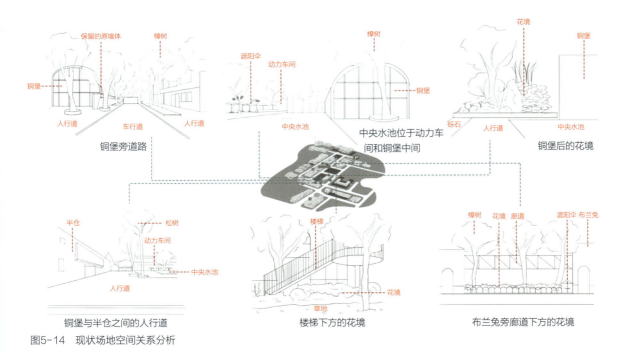

图5-14　现状场地空间关系分析

3. 调研场地文脉分析（图5-15）

20世纪80年代，上海以出口原料型的**纺织、轻工为主**，后来上海人发现，原料一箱箱出口不值钱，但到了海外被加工分装后就身价百倍，于是就设想在浦东新区中部的金桥，建一个出口加工区

1990年，浦东揭开改革开放的帷幕，位于浦东新区中部的金桥开发区，经国务院批准设立，成为国家级出口加工区。从**以出口加工为主**，到逐步确立制造业重点开发区地位

到2013年底，金桥已形成500多家生产性服务企业。如今面临新一轮5G技术革命，从**"代工厂"**向**"智慧谷"**蜕变，老开发区转型的步伐依旧华丽

"金桥的规划，三十年来是一张蓝图绘到底的。"金桥当初规划之时，就把**生活区和生产区都充分考虑**在内，彼此间有分有合，平衡发展

作为园区的先驱更新项目，既要有商业接待、展示展览功能，又要体现出未来园区的前瞻性。我们尊重历史发展脉络，把当下可持续发展理念置入其中，**新旧叠合相生，让老建筑得以唤醒**

图5-15　设计场地历史文脉分析图

4. 场地交通状况分析（图5-16）

图5-16　场地周边道路分析

5. 人群行为及需求分析（图5-17~图5-20）

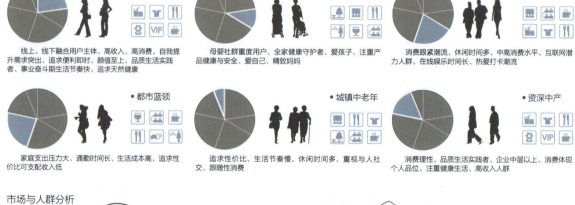

●新锐白领

线上、线下融合用户主体，高收入、高消费，自我提升需求突出、追求便利即时、颜值至上、品质生活实践者、事业奋斗期生活节奏快、追求天然健康

●精致妈妈

母婴社群重度用户、全家健康守护者、爱孩子、注重产品健康与安全、爱自己、精致妈妈

●学生群体

消费跟紧潮流、休闲时间多、中高消费水平、互联网潜力人群、在线娱乐时间长、热爱打卡潮流

●都市蓝领

家庭支出压力大、通勤时间长、生活成本高、追求性价比可支配收入低

●城镇中老年

追求性价比、生活节奏慢、休闲时间多、重视与人社交、跟随性消费

●资深中产

消费理性、品质生活实践者、企业中层以上、消费体现个人品位、注重健康生活、高收入人群

市场与人群分析

出行群体

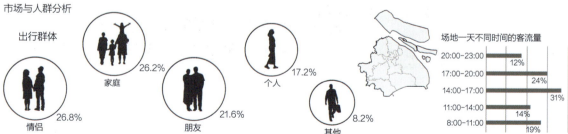

家庭 26.2%

情侣 26.8%

朋友 21.6%

个人 17.2%

其他 8.2%

场地一天不同时间的客流量

时间	客流量
20:00-23:00	12%
17:00-20:00	24%
14:00-17:00	31%
11:00-14:00	14%
8:00-11:00	19%

图5-17　场地人群构成分析

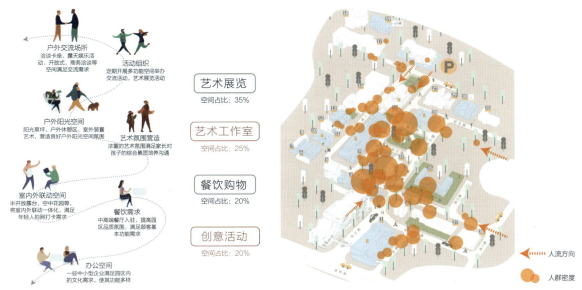

户外交流场所
洽谈卡座、露天娱乐活动、开放式、商务洽谈等空间满足交流需求

活动组织
定期开展多功能空间举办交流活动，艺术展览活动

户外阳光空间
阳光草坪、户外休憩区、室外装置艺术，营造良好户外阳光空间氛围

艺术氛围营造
浓重的艺术氛围满足家长对孩子的综合素质培养沟通

室内外联动空间
半开放露台、空中花园等，将室内外联动一体化，满足年轻人拍照打卡需求

餐饮需求
中高端餐厅入驻，提高园区品质氛围，满足顾客基本功能需求

办公空间
一些中小型企业满足园区内的文化需求，使其功能多样

艺术展览
空间占比: 35%

艺术工作室
空间占比: 25%

餐饮购物
空间占比: 20%

创意活动
空间占比: 20%

图5-18　使用者需求分析

图5-19　人群动线及密度分析

人流方向

人群密度

我们是附近的学生，节假日来这里游玩拍照。这里的建筑很美，但大多建筑采光不充足且无法更直接地感受改造前的足迹

我是附近的小学生，放假喜欢逛各种展厅，希望能增加展厅供人观赏

我是附近的居民，园区虽好但没有买小米品牌家电的店铺。附近虽然有小的小米品牌店但提供的产品种类不多，希望开间大的小米旗舰店

我是小米品牌经理，主要探访并调研园区发现。我们的店面在此地有发展前景

我很喜欢散步锻炼，园区很好但是休息设施稍显不够。人走久了会累，公共空间可供人遮阳躲雨的设施少，如下雨不想去店里消费，入座就很困难

我是附近的小学生，周末来园区游玩的时间段人会很多，人走累时，没有休息设施

图5-20　使用者构成及活动需求分析

6. 场地功能分析（图5-21）

餐饮
艺术展览
文化展示
商业工作室
文化活动

图5-21　现状场地建筑功能分析

7. 案例分析解读（图5-22）

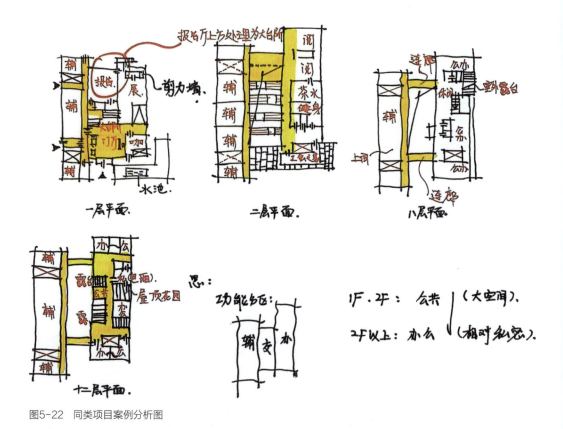

图5-22 同类项目案例分析图

8. 设计定位及对策（图5-23、图5-24）

A. 中庭

中庭小而深，采光效果差，空间利用率低

B. 竖向交通

电梯数量不够，较高楼层可达性较差

C. 功能分区

功能分区不合理，各类动线交叉混乱

D. 一层开放性

底层空间开放性不够，缺少吸引力和活力

E. 办公模式

空间模式较为单一，无法满足日后变化的弹性

F. 研讨空间

位置相对固定，可变性较弱，缺少开放自由的讨论空间

G. 休息空间

布局分散、规模小，影响其他功能空间

H. 公共空间

空间规模小，吸引力不足，占用走道空间

图5-23 场地现状问题及应对策略1

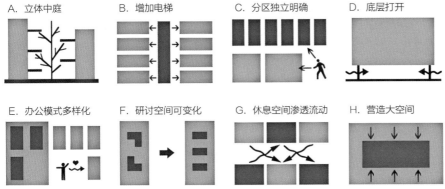

图5-24　场地现状问题及应对策略2

本章总结

本章学习的重点是掌握设计筹备阶段的主要工作内容和方法，学会解读项目条件，收集并整理项目背景资料，掌握场地调研的方法并学会运用可视化的方式呈现调研结果。难点在于通过调研发现项目条件中隐藏的优势潜力和存在的问题，提出将其合理利用的最优策略，具备发现问题、分析问题和解决问题的能力。

课后作业

根据课程大作业的设计要求，结合本节课程现场调研成果，绘制项目前期分析图。

思考拓展

在秉持可持续发展理念的设计实践中，因地制宜作为处理现状场地的核心原则，其重要性不言而喻。请结合那些通过精妙运用设计场地而成功打造出独具特色的建筑案例，探讨因地制宜原则在设计中究竟是如何被巧妙运用与体现的？

课程资源链接

课件

第六章　概念构思阶段

第一节　任务导入

完成设计筹备阶段后，我们对设计要求、环境条件以及相关实例已有了一个比较系统而全面的了解与认识，在此基础上即可开始第二阶段——概念构思阶段的工作。构思具有双重意义，一方面，它体现在方案设计的整个流程中，每一阶段、每一环节的发展与进步都离不开构思的引领与推动；另一方面，我们将其称为"大构思"，特指方案设计初始阶段，对方案的大体框架与核心思路的孕育与塑造过程，这也是本节将重点完成的"方案构思"任务。

知识目标
（1）了解概念构思阶段的基本流程。
（2）学会设计构思的切入方法。

能力目标
（1）具备符合设计定位的逻辑思考能力和问题解决能力。
（2）具备团队协作的能力。

第二节　任务要素

一、基本判断环节

在调研分析的基础上，进一步归纳、整理任务要求和环境条件，可以初步形成四个方面的基本判断，作为下一步深入构思的功能性框架。

1. 设计策划与定位

根据项目的设计要求，通过未来发展规划、客群特征、同业对比、竞品案例研究等方面的分析，获得恰当的策划方案和项目定位。设计策划涵盖了工作目标、工作方式、工作成果等系统内容。设计定位是对项目的清晰界定，是设定精准的项目坐标，如消费水平定位、目标客群定位、业态属性等，其具有较强的概括性，表述简洁明了。设计策划与定位是项目设计的顶层架构，也是判断后续设计是否满足需要、是否是"恰当的设计"的总纲领。

2. 设计理念与创意主题

设计理念也可称为设计主张，是具有设计思想和价值观的导向价值。创意主题是设计特点的提炼，是设计中最具魅力和趣味的亮点，是设计的识别符号，好的主题往往具备易识别、易传播的特点。创意主题可以从多个方面提取，视觉方面，如空间造型、色彩、材质、照明、陈设、风格流派等；抽象层面，如空间关系、功能主题、文化艺术等。设计理念与创意主题往往决定了项目的设计线索，将在接下来的全部设计过程中贯穿始终。

3. 初步空间规划与总体布局

（1）确立方案的聚集程度。基于对用地容积率的分析、判断，明确该方案适合单层、多层还是高层，适合分散设置还是集中组织等。

（2）确立方案的平面关系。基于对功能单元需求的分析和功能关系的分析，可以按比例生成一个或多个粗略的侧重于满足功能需求的研究性平面，作为该阶段平面设计的起点。首先，根据对功能需求的分析和不同单元的联系程度，绘制功能关系框图（图6-1a），其次按照比例体现各个功能单元的大小（图6-1b），然后结合基地环境，对建筑的内外及动静进行分区（图6-1c），最后生成多个研究性平面进行比较分析（图6-1d）。

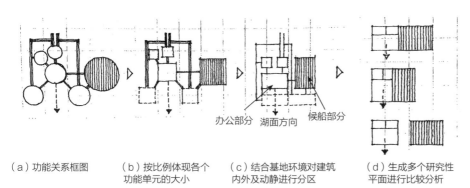

（a）功能关系框图　　　（b）按比例体现各个　　　（c）结合基地环境对建筑　　　（d）生成多个研究性
　　　　　　　　　　　　　　功能单元的大小　　　　　　内外及动静进行分区　　　　　平面进行比较分析

图6-1　某游船码头方案多种研究型平面生成过程示意图

（3）确立方案的总体布局形式。基于对地段环境的分析，将研究性平面置于场地之中，比较并确立一种或多种理想的布局形式（图6-2）。

4. 确立方案的造型原则

基于对建筑类型特点、环境特点，乃至使用者特点和时代特点等相关因素的分析，粗线条勾画出该建筑造型的基本原则。图6-3为建筑师邢同和为上海民生路码头设计绘制的基本造型构思草图。

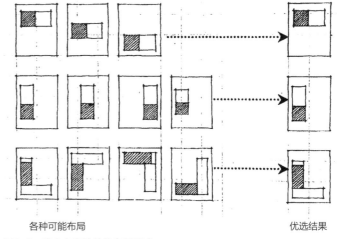

各种可能布局　　　　　　　　　　　　　　　　　优选结果

图6-2　确立方案的总体布局形式

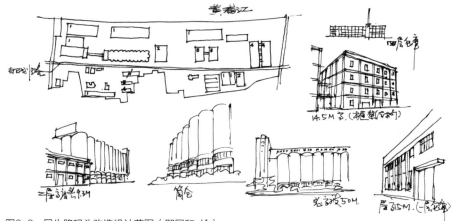

图6-3 民生路码头改造设计草图（邢同和 绘）

二、深入构思环节

在完成初步的判断并确立了功能性框架之后，便进入了方案的深入构思阶段。这是一个持续、深入且充满挑战的思考与思辨过程。在这一环节中，构思成果的取得既包含了灵光乍现的偶然性，也体现了按逻辑逐步深入的必然性。尽管每一个设计构思的思维路径或方法不同，但无论经历怎样的思辨过程，最终要完成构思就必须牢牢地抓住从分析到切入，从关联到提取，从造型到调整这三个关键点。

（一）从分析到切入

建筑设计受多种因素影响，方案构思中难以全面考虑。可行的做法是在最重要的因素如环境、功能、经济、技术、文化、历史等中，找到一个切入点。例如，可以选择场地环境的地形地貌、景观朝向、道路交通或气候条件等，研究如何在设计中充分利用和体现；或选择功能需求中的空间单元、相互关系或动线组织等，研究如何提升品质和拓展功能。在利用环境因素和拓展功能因素的过程中，设计者产生的任何"形式"或"概念"，若能与所构思的建筑空间、形式形成有益的关联和启发，即可成为"造型素材"，实现构思的"切入"。寻找构思的切入点是方案构思过程中的重点也是难点，下面将结合优秀实例的剖析，对常见的几种构思切入方法进行概括和总结。

1. 从功能因素切入

更好地满足功能需求一直是建筑师所追求的，在具体的设计创作中，动线组织、主体空间以及功能关系等往往是方案构思的理想突破口，因此，从功能和计划要求着手进行构思是最基本、最重要也是最实在的。

从功能着手进行构思首先要了解功能，此外，我们还必须了解各类型建筑功能的要求及解决的方式：即该类型建筑的一般平面空间布局的设计模式是什么？每一种模式有什么特点、优点和缺点？在什么情况下应用比较合适？在这方面历史上有哪些经典之例等，参考这些积累的知识，并在知己知彼的情况下，作为创新和突破传统模式的基础和出发点。

例如，美国建筑大师莱特设计的古根海姆美术馆，就是功能切入的经典实例（图6-4、图6-5）。美术馆内部参展流线是一个连续盘旋而上的坡道，观众进入门厅后，乘电梯直达顶层，然后自上而下顺着螺旋坡道参观，最后在底层结束参观。这种

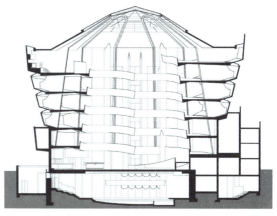

图6-4 古根海姆美术馆

图6-5 古根海姆美术馆剖面示意图

特殊模式减轻了参观中的疲劳感，并可以一处不落地将所有展厅参观完，莱特为之后的展览类建筑创造了一种崭新的建筑空间布局模式。

2. 从环境因素切入

在构思建筑设计方案时，我们可以从富有个性特点的环境因素中汲取灵感，如地形地貌、景观朝向、气候条件以及场所领域等。这些环境因素应成为我们方案构思的起点和切入点。在设计之初，我们需要对地段环境进行全面的分析，深入现场进行实地踏勘，身临其境地感受环境。通过科学理性的分析，我们所设计的新建筑才能与周围环境相互辉映，实现和谐共生，融为一体。

例如，莱特设计的流水别墅在环境利用方面堪称杰作（图6-6）。该建筑坐落于风景秀丽的熊跑溪畔，四季溪水潺潺、林木葱郁，其地形地貌特征由两岸层叠的巨大岩石构成。在处理建筑与环境的关系时，莱特不仅重视景观的利用，确保建筑的主要朝向与景观方向保持一致，从而营造出理想的观景场所，还致力于实现建筑与自然环境的和谐统一，为环境增色添彩。他巧妙地将建筑安置于瀑布之上，使之成为一道独特的风景线，充分展现了他卓越的设计才华。

图6-6 流水别墅（莱特 设计）

在卢浮宫扩建工程中（图6-7），建筑师贝聿铭秉持着尊重人文环境、保护历史遗产的设计理念。他运用了间接逻辑关联的方法，以最大限度地减少扩建部分的体量，确保原有建筑的主导地位得以保持。扩建部分被巧妙地埋藏于地下，而外露的部分则是一座晶莹剔透的玻璃金字塔。它静静地伫立在水池之中，映射着周围历史建筑的影像，与环境和谐相融，既体现了扩建的现代感，又巧妙地保护了历史遗产的完整性。

图6-7　卢浮宫扩建工程（贝聿铭 设计）

3. 从文脉切入

建筑都处于特定的地点，每一座建筑都承载着特定的历史、文化和地域特色。在进行建筑创作时，了解建筑所处的地点和地缘环境至关重要，这是创作出富有地域特色和文化内涵的建筑作品的必要条件。特别是一些历史文化名城、名镇、名人旅游资源极丰富的风景区、旅游地等，设计师需要深入研究当地的历史文化、传统建筑风格和自然景观，将这些元素融入建筑设计中。同时，还需要考虑当地的社会、经济和发展需求，确保建筑的功能和形式与当地的实际需求相符合。

例如，建筑师王澍设计的中国美院象山校区，体现了他对于中国本土建筑营造的理念。设计巧妙运用了传统建筑连绵的坡顶形式，延续历史文脉的同时，与周围山体景观巧妙融合。建筑立面的用材中有超过700万片来自不同拆房现场的废弃砖瓦，这些砖瓦各自带着它们独有的时间痕迹来到这里，体现着它们与自然环境和历史的融合。砖瓦层层垒叠所形成的建筑像一座座从大地里生长出来的小山，与象山相互辉映（图6-8、图6-9）。

4. 从其他因素切入

在进行设计构思时，除了从前面所述的几个方面出发，还可以从造型、结构、经济、技术、历史、文化、心理以及地方元素等多个方面入手。这些都可能成为我们设计的切入点和突破口，有助于创造出独特而深入的设计方案。此外，在不同的设计构思阶段，也会有不同的侧重点。例如，在总体布局阶段，应更加注重环境因素的影响；而在平面设计阶段，则应将焦点放在满足功能需求上。

图6-8　中国美院香山校区1

图6-9　中国美院香山校区2

　　这种综合而灵活的构思方法是最实用、最普遍的，既能确保设计构思的深入与独到，又能避免陷入片面思考的误区。通过综合考虑各种因素，我们能够创造出更加全面、富有创意和实用性的设计方案。

（二）从关联到提取

　　欲提取"造型素材"，需要借助"关联"的方法。所谓"关联"就是把分析、研究的对象与"形式"直接或间接地联系起来。比如，从地段的轮廓、形状中直接提取构思方案所需的抽象或具象形式，就是直接形象关联；又如，地段的某个方向有很好的景观，我们会思考如何把它利用起来，那么这种关联则是间接逻辑关联；再如，面对一块坐落于碧波荡漾的湖畔地段，我们会很自然地联想到船、帆、水纹、浪花、贝壳等一切湖畔的景物与景象，那么这种关联属于场景关联或场所关联。在构思过程中应灵活运用不同的关联方法，以求提取更多的"造型素材"。例如，某会所设计（图6-10），灵感源于掉落在地上的一片叶子，将建筑形式与场景中的自然物关联，使轻盈、生动的建筑形体融入场景之中，与自然融为一体。

图6-10　某会所建筑方案构思中的形象关联

再如某幼儿园设计，将守候呵护的设计理念关联到环抱的双手，将航船甲板的建筑形态和当地海洋文化提取的海浪曲线形式相融合，形成最终的平面格局（图6-11）。

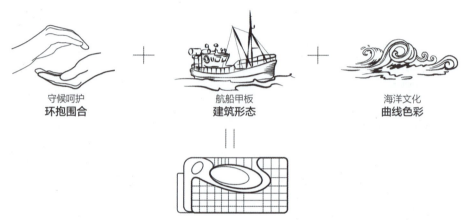

守候呵护
环抱围合

航船甲板
建筑形态

海洋文化
曲线色彩

图6-11　某幼儿园建筑方案构思中的场景关联

（三）从造型到调整

利用关联所提取的"形式"和"概念"，即可着手方案空间和形式的塑造及其反复的适应调整以完成方案构思。两种构思方法可选择：

一是"先功能、后形式"，即从功能性平面入手，逐步引入"造型素材"进行塑造，直至获得满意的形式（图6-12）。这种方法适合初学者，因为功能、环境要求明确，易于把握和操作，有利于快速确立方案和提高效率。但缺点是难以突破既有框架，不能提供丰富多样的可选形式。

二是"先形式、后功能"，即先运用"造型素材"进行造型设计，再填充、完善功能，并进行相应的调整，反复循环适调，直到满足为止（图6-13）。艾利克·门德尔松设计的波茨坦市爱因斯坦天文台，被誉为表现主义建筑的典型，便是先形式后功能的代表。整个建筑采用了令人捉摸不定的，没有明确的转折和棱角的，混混沌沌的流线型造型，酷似一件雕塑作品，力求表现生动的曲线和动态的节奏感。这种方法因调整工作有一定的难度，比较适合功能相对简单，造型要求较高，而设计者又比较熟悉的设计类型。

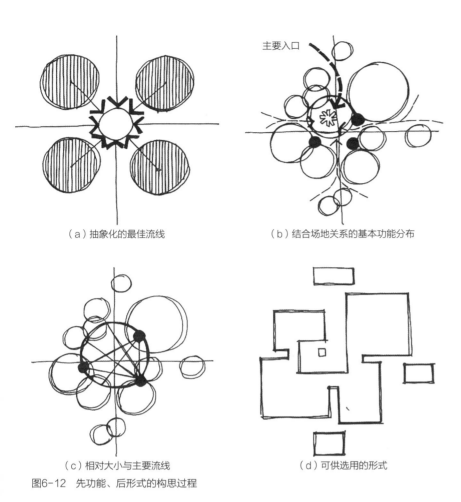

（a）抽象化的最佳流线　　　　　　　（b）结合场地关系的基本功能分布

（c）相对大小与主要流线　　　　　　（d）可供选用的形式

图6-12　先功能、后形式的构思过程

图6-13　先形式、后功能的构思代表作——爱因斯坦天文台初期造型手稿（门德尔松 绘）

三、多方案的比较与优选

方案设计是一个过程而不是目的，其最终目的是取得一个理想而满意的实施方案。为了评估方案的优劣，最有效的方法是进行多个方案的深入分析和对比。由于建筑设计涉及众多客观因素，解决问题的方法和结果往往具有多样性、相对性和不确定性。设计者在处理这些因素时，即使微小的侧重差异也可能导致方案对策的显著变化。只要设计者把握正确的建筑理念，不同方案之间的比较就并非简单的对错之分，而是优劣之别。

1. 多方案比较的基本原则

为了确保方案选择的最佳性，我们在构思多个方案时应遵循以下准则：首先，需要提出数量充足且差异性明显的备选方案，充足的数量确保了科学选择所需的广泛空间，足够的差异性保证了方案之间的可比性。为了实现这一目标，我们需要从多个角度和维度审视问题，深入理解环境，并通过有意识、有目标地调整构思的重点，以确保方案在整体布局、动线组织和造型设计上的丰富多样性。其次，所有方案都必须在满足功能与环境需求的前提下制定。因此，在方案的初步构思阶段，我们就应进行必要的筛选，及时淘汰那些不切实际、不可行的构思。

2. 方案优选的基本方法

当完成多个方案后，展开对方案的分析比较，从中选择出理想的发展方案。分析比较的重点应集中在三个方面。

（1）比较设计要求的满足程度。一个方案是否合格，首要标准在于其是否满足基本的设计要求，这涵盖了功能、环境、流线等诸多方面。即便方案的构思再独特，若无法满足这些基本要求，则该设计方案不具备可行性。

（2）比较建筑特色是否突出。在建筑设计中，鲜明的特色是一项至关重要的因素。具备这种特点的建筑相较于一般建筑而言，更能够吸引人们的目光，更容易在众多作品中脱颖而出，打动人心并产生感染力。因此，特色鲜明成为方案选择中不可或缺的重要评价指标。

（3）比较修改调整的可行性。任何方案均难以完美无缺，必然存在各种形式的缺陷。尽管部分缺陷并非致命，但其修改难度极大。若强行进行彻底修正，不仅可能引发新的更大问题，还可能彻底丧失原有方案的特色和优势。对这类方案的选取必须慎重，以防留下隐患。

第三节　任务实施

一、任务布置

对拟改造建筑空间进行概念构思和表达。

二、任务组织

（1）课堂实训：在前期调研及分析的基础上，对设计进行概念构思，教师组织课堂讨论，以思维导图的形式引导学生进行头脑风暴，从多角度切入展开设计的创意构思，绘制构思草图，并在多方案比较中选出一个最佳方案。

（2）课下作业：将课上产生的碎片化创意点进行梳理，组织设计线索，完善概念构思草图绘制。

三、任务准备

根据课程设计大作业的要求，结合上一步骤设计筹备阶段的调研分析结果，明确设计基本定位、总体布局、平面关系及立面风格。

四、任务要求

（1）课上需根据讨论结果，以小组为单位，每个小组完成3个构思草图方案，根据课上交流讨论的结果，选择1个最优方案进行草图绘制。

（2）课后完善设计构思，形成总平面布局图、平面功能关系图、建筑形体推敲、造型设计概念等设计初稿和必要的分析图纸。

五、任务呈现

设计的概念构思属于经过高度概括和精准提炼后的思维成果，通常在设计中会以图片结合文字的方式进行呈现和展示，设计概念往往是由抽象的观点提炼的，设计构思可以抽象，也可以具象。设计概念构思草图可以以手绘设计草图的形式呈现，也可以用电脑平面制图或三维建模软件进行设计表达。以下将展示部分学生在概念构思阶段的思维成果。

1. 设计策划与定位（图6-14）

顾小二社区关键词

（a）利用文字云体现的方案概念定位

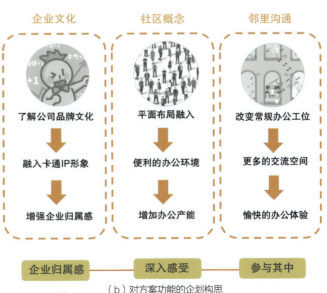

（b）对方案功能的企划构思

图6-14 概念定位及功能企划

2. 总体布局关系（图6-15、图6-16）

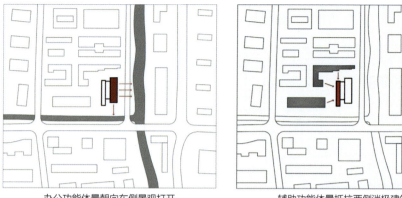

办公功能体量朝向东侧景观打开 　　　　　　　辅助功能体量抵抗西侧消极建筑

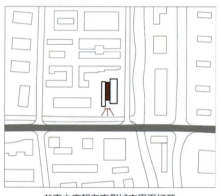

共享中庭朝向南侧城市界面打开

图6-15　总图布局生成图示1

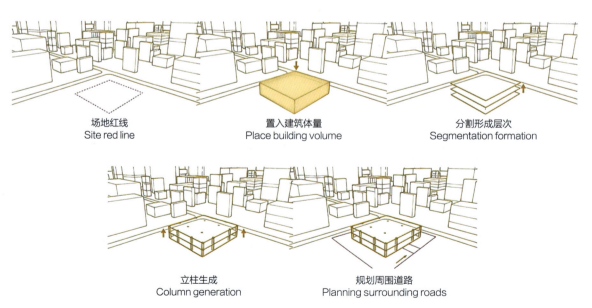

场地红线 Site red line	置入建筑体量 Place building volume	分割形成层次 Segmentation formation
立柱生成 Column generation	规划周围道路 Planning surrounding roads	

图6-16　总图布局生成图示2

3. 平面功能及流线构思（图6-17）

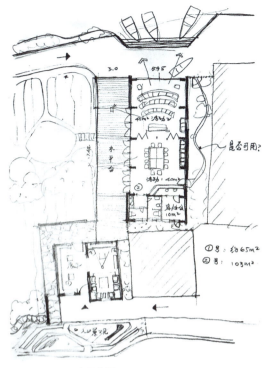

图6-17　平面布置草图

4. 建筑形体生成构思草图（图6-18～图6-20）

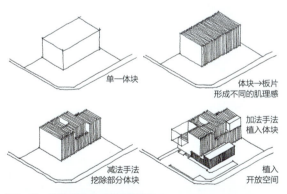

图6-18　建筑形体生成构思草图1

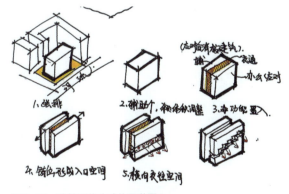

图6-19　建筑形体生成构思草图2

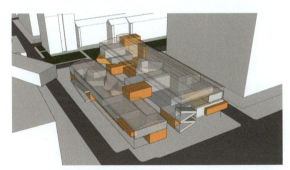

图6-20　建筑形体生成构思图示

5. 建筑空间概念构思（图6-21~图6-24）

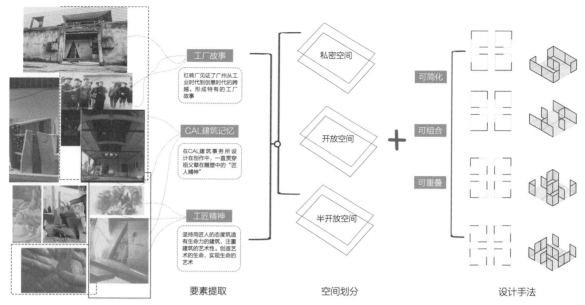

图6-21 原始建筑空间利用构思图示

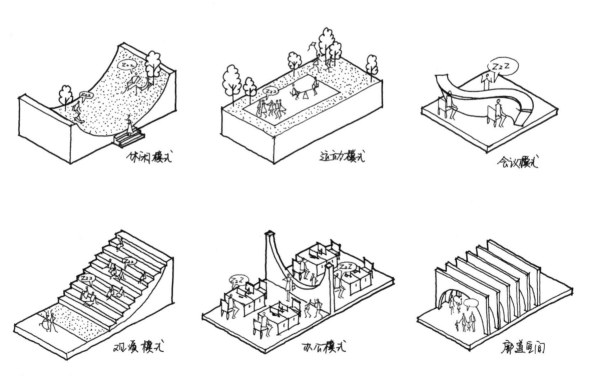

图6-22 建筑空间限定方式构思草图

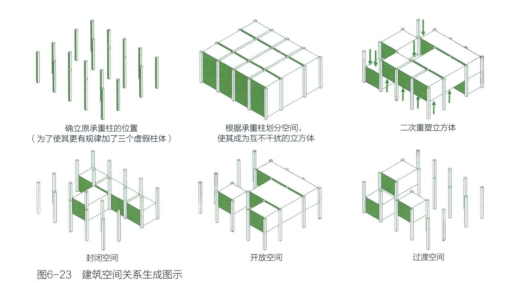

确立原承重柱的位置
（为了使其更有规律加了三个虚假柱体）

根据承重柱划分空间，
使其成为互不干扰的立方体

二次重塑立方体

封闭空间

开放空间

过渡空间

图6-23　建筑空间关系生成图示

图6-24　基于使用人群需求的场地空间关系图示

6. 建筑造型意向草图（图6-25、图6-26）

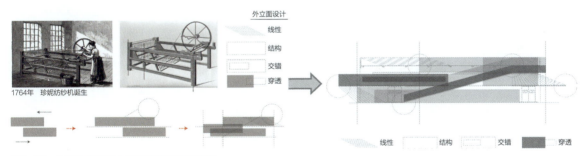

1764年　珍妮纺纱机诞生

外立面设计
线性
结构
交错
穿透

线性　　　结构　　　交错　　　穿透

图6-25　从场地文脉切入的建筑造型构思意向

公司理念

缔造美丽的虚拟世界
用心刻画，一笔一世界

像素

矩形元素

图6-26　从形象IP切入的设计创意主题

本章总结

　　本章的学习重点是建筑方案设计中构思与方案生成的流程及方法，难点是独立完成建筑方案构思的过程，寻找构思切入和方案突破口的方法。

课后作业

　　（1）完成课程大作业的设计构思草图，包含总平面布局图、平面功能关系图、建筑形体推敲、造型设计概念等设计初稿和必要的分析图纸。
　　（2）深入分析一个经典建筑案例，主要剖析其设计构思生成的过程，包含如下内容。
　　1）案例的构思是如何切入的，从功能、环境、历史文脉还是其他因素找到了方案设计的突破口？
　　2）构思生成的过程是怎样的，从基本判断环节和深入构思环节进行分析，并绘制分析图。
　　3）设计如何平衡功能与形式的关系。

思考拓展

　　很多优秀建筑设计大师设计作品的巧思妙想都深深打动了我们，他们的勇敢探索为建筑的创新开启了新的篇章。那么，最打动你的建筑师及其主要理念是什么，他对你的设计学习思维产生了怎样的影响？

课程资源链接

课件

第七章 建筑功能设计

第一节 任务导入

概念构思阶段已经完成初步空间规划和总体布局，在建筑功能设计阶段，我们需要进一步完善建筑的功能布局、交通流线，以及空间组织关系，通过建筑平面布置图、内部空间意向图或空间关系轴测图等方式呈现。

平面布置主要体现功能的实用性以及功能布局的合理性，实现合理的动静划分、功能空间的穿插与分割、交通流线的顺畅便捷及家具在空间中的位置摆放是最重要的问题。一张表现较为充分的建筑平面布置图应包括几个部分：房间的精确分割、墙体的位置和厚薄、门窗的位置、内部家具的陈设布置及必要的文字。

知识目标

（1）了解建筑功能对建筑空间的基本要求。

（2）学会对建筑进行功能分区设计。

（3）学会合理组织交通流线。

（4）学会处理多个空间的组合及序列关系。

技能目标

（1）具备三维的空间感知力和驾驭能力。

（2）具备符合设计定位的区域划分和流线组织能力。

（3）具备建筑功能设计中的逻辑组织能力和解决问题的能力。

第二节 任务要素

一、合理地进行功能分区

设计各类建筑时，在研究了它们的使用程序和功能关系后，就是要根据各部分不同的功能要求，各部分联系的密切程度及相互的影响，把它们分成若干相对独立的区或组，进行合理的"大块"的设计组合，以解决平面布局中大的功能关系问题，使建筑布局分区明确，使用方便、合理，保证必要的联系和分隔。就各部分相互关系而言，有的相互联系密切，有的次之，有的没有关系；甚至有的还有干扰，有的需要隔离。设计者必须根据具体的情况进行具体的分析，有区别地加以对待和处理。对于使用中联系密切的各部分要相近布置，对于使用中有干扰的部分，要有适当的分隔，需要隔离则尽可能地隔离布置。各类建筑物功能分区中联系和分隔的要求是不同的，在设计中需要根据它们使用中的功能关系来考虑。

1. 功能分区原则

建筑物是由各个部分组成的，它们在使用中必然存在着不同性质的内容，因而也会有不同的要求。因此，在设计时，不仅要考虑使用性质和使用程序，而且要按不同功能要求进行分类，进行分区布局，以分区明确而又联系方便。平面空间组合中功能的分区常常需要解决好以下几个问题。

（1）处理好主与辅的关系。公共建筑和居住建筑均由主要使用空间和辅助使用空间构成。主要使用空间是公众直接使用的场所，如学校教室、医院病室等，而辅助使用空间则包括附属和服务用房。在布局过程中，需充分考虑到这些空间使用性质的差异，并合理划分主要使用空间和辅助使用空间。一般来说，主要使用空间应位于更佳的位置，靠近主要入口，并保障良好的朝向、采光、通风及环境等条件。而辅助或附属部分则可置于次要位置，其朝向、采光、通风等条件可能相对较差，并常设有独立的服务入口。这样的布局有助于满足各类空间的使用需求，并提升整体建筑的使用效率和舒适度。图7-1为某中学教学楼设计，编号1为教室空间，为教学楼的主要使用空间，其数量、朝向、采光、交通便利度等都体现了房间的主要使用功能，其余用房为辅助功能空间，位置朝向和采光环境次之，作为辅助和附属部分。

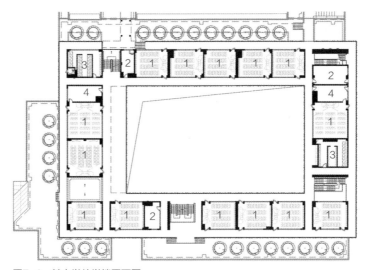

1-教室
2-办公用房
3-卫生间
4-教师休息室

图7-1　某中学教学楼平面图

（2）处理好内与外的关系。建筑物内的各类使用空间，各自承载着不同的功能定位。部分空间，如观众厅、陈列室、营业厅及讲演厅等，其外向性显著，主要为满足公众的访问与使用需求。这些空间的布局应突出其可达性，通常应靠近或直接连通入口，确保位置显著，并围绕交通枢纽进行布置，以应对大量人流的进出。而另一类空间，如内部办公区、会议室、仓库以及附属服务用房等，其内向性较强，主要服务于内部工作人员。为确保内部工作的效率与私密性，这些空间应布局在相对隐蔽的位置，从而避免公共人流的干扰与穿越。在规划建筑物的空间组合时，需综合考虑这些"内外""公私"的功能分区，以确保空间布局的合理性与高效性。图7-2为某陶瓷作坊平面设计，将陶瓷展厅布置在入口附近，开放性强，吸引人们参观选购，而工作室及原料仓库等用房内向性较强，主要服务于内部人员，则布置在相对隐蔽的位置，避免游客干扰。

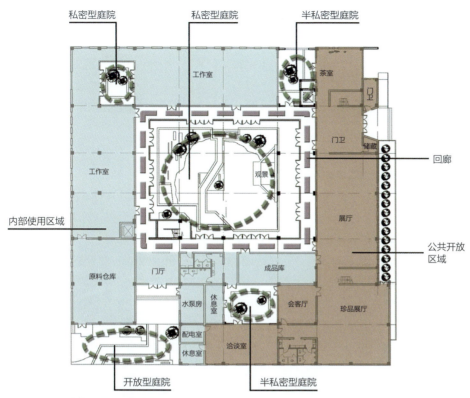

图7-2　某陶瓷作坊平面分区示意图

（3）处理好动与静的分区关系。在建筑设计中，需确保学习、工作和休息等区域享有宁静的环境。然而，某些功能用房可能因活动性质导致嘈杂或产生噪声，这些区域与其他需要安静的部分应适当隔离。例如，学校中的公共活动教室，如音乐教室和室内体育房，以及室外操场，在使用过程中可能产生噪声。而教室和办公室则需要宁静的环境，因此这些区域应有意识地进行分隔。在图书馆建筑中，儿童阅览室、陈列室和讲演厅等公共活动区域可能较为喧闹，因此应与主要阅览区分开布置。在设计过程中，应深入分析每个区域的使用需求及特点，并考虑到不同功能对动与静的要求，以便进行合理的分区布置。即便是功能相同的使用房间，也应进行具体的分析和区别对待。

2．功能分区的方式

建筑物功能分区的方式一般有以下几种。

（1）分散分区。即将功能要求不同的各部分用房按一定的区域，布置在几个不同的单幢建筑物中，这种方式可以达到完全分区的目的，但也必然导致联系的不便。因此这种情况下要很好地解决相互联系的问题，常加建露廊相连接（图7-3）。

（2）集中水平分区。即将功能要求不同的用房集中布置在同一幢建筑的不同的平面区域，各组取水平方向的联系或分隔，使平面功能联系方便，并保证必要的分隔，避免相互影响。一般是将主要的、对外性强的用房布置在建筑前部，距离入口较

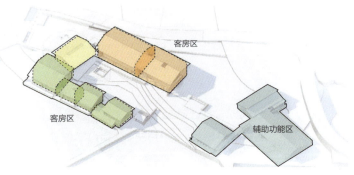

图7-3 某民宿功能分区示意图

近的位置；使用人流少的或要求安静的用房布置在后部或一侧，离入口远一点。也可以利用内院，设置"中间带"等方式作为分隔的手段。图7-4为某展览建筑设计，将展厅等对外联系功能较强的房间布置在距离入口较近的位置，办公、会议等用房布置在距离入口较远处，保证使用功能上的相互联系，并避免相互影响。

（3）垂直分区。垂直分区指的是将具有不同功能需求的各部分空间集中布局于同一栋建筑的不同楼层上，并通过垂直方式进行连接或分隔。在实施垂直分区时，必须确保分层的合理性，注重每层房间的数量与面积分布的均衡性，以及建筑结构的合理性。同时，应确保垂直交通与水平交通的组织紧凑且便捷。分层布局的原则通常综合考虑使用活动的要求、不同使用对象的特性以及空间规模等因素（图7-5）。

上述方法还应按建筑规模、用地大小、地形及规划要求等外界因素而决定，在实际工作中，往往是相互结合运用的，既有水平的分区，也有垂直的分区。

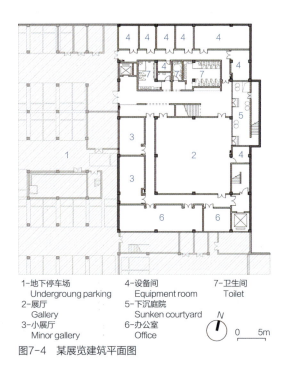

1-地下停车场   4-设备间   7-卫生间
  Undergroung parking   Equipment room   Toilet
2-展厅   5-下沉庭院
  Gallery   Sunken courtyard
3-小展厅   6-办公室
  Minor gallery   Office

N   0   5m

图7-4 某展览建筑平面图

联合办公区

可售办公区A

可售办公区B

持有办公区B

持有办公区A

创意办公区

可售商业区

持有商业区

图7-5 某高层综合体建筑垂直功能分区

二、合理组织交通流线

建筑交通流线指建筑物中人员、车辆、物品等移动与路径系统，是建筑设计中规划和组织空间的核心要素之一。它包括两个方面：一是相互的联系；二是彼此的分隔。合理的交通路线组织就是既要保证相互联系的方便、简捷，又要保证必要的分隔，使不同的流线不相互干扰。交通流线组织的合理与否是评鉴平面布局好坏的重要标准，它直接影响到平面布局的形式。

1. 交通流线的类型

（1）人流交通线。指建筑物内主要使用者所遵循的移动路径。不同类型的建筑物，其人流交通线的特征各异。例如，影剧院、体育馆、音乐厅、会堂等建筑通常采用集中式交通流线，能在短时间内聚集和疏散大量人流；而商业建筑、图书馆建筑等则倾向于采用自由式交通流线；展览馆、博物馆、医院建筑等则多采用持续连贯式交通流线。无论是哪种类型，公共人流交通线均可分为进入和外出两种动向。在设计中，必须充分考虑不同使用对象所形成的不同人流，并对其进行分别组织和分离，以确保人流的有序流动，避免相互干扰。

（2）内部工作流线。即内部管理工作人员的服务交通线，无论哪种类型的建筑，都存在着内部工作流线，只是繁简程度不一。商业建筑有商品运输、库存、供应路线，工作人员进出路线；博物馆有文物展品，藏、保、管、修复等工作流线等。

（3）辅助供应交通流线。如食堂中的厨房工作人员服务流线及后勤供应线，车站中行包流线，医院建筑中食品、器械、药物等服务供应线；商店中货物运送线；图书馆中书籍的运送线等（图7-6）。

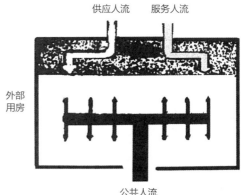

图7-6　公共建筑内部交通流线类型

2. 交通流线组织的要求

人是建筑的主体，各种建筑的内外部空间设计与组合都要以人的活动路线与活动规律为依据，尽力满足使用者在生理上和心理上的要求。正因为人的活动路线是设计的主导线，因此，交通流线的组织就直接影响到建筑空间的布局。明确主导线的基本原则后，一般在平面空间布局时，交通流线的组织应具体考虑以下几点要求。

（1）流线区分。不同性质的流线应明确分开，避免相互干扰；此外，在集中人流的情况下，一般应将进入人流线与外出人流线分开，不出现交叉、聚集、"瓶子口"的现象。

（2）高效性。流线的组织应符合使用程序，力求流线简洁明确、通畅，不迂回，最大限度地缩短流线。

（3）灵活性。流线组织，要有灵活性，以创造一定的灵活使用的条件。

（4）可达性。流线组织与出入口设置必须与周边城市道路交通密切结合，二者不可分割（图7-7）。

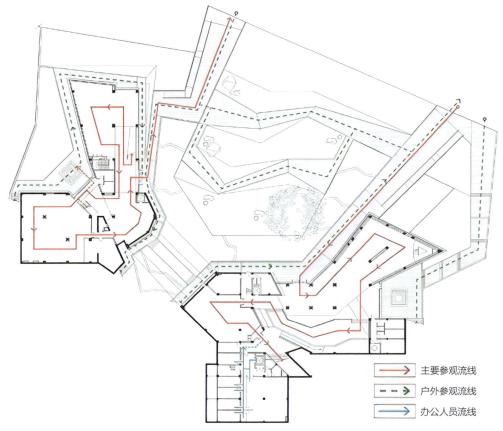

⟶	主要参观流线
⇢	户外参观流线
⟶	办公人员流线

图7-7　某博物馆交通流线设计

3. 流线组织的方式

　　建筑中流线组织要解决的问题，就是把各种不同类型的流线分别予以合理组织以保证方便的联系和必要的分隔。综合各类建筑中实际采用的流线组织方式，常采用以下三种基本方法。

　　（1）水平方向的组织。即把不同的流线组织在同一平面的不同区域内，这与前述水平功能分区是一致的。这种水平分区的流线组织垂直交通少，联系方便，避免大量人流的上上下下。在中小型的建筑中，这种方式较为简单；但对某些大型建筑来讲，单纯的水平方向组织不易解决复杂的交通问题或使平面布局复杂化，这是其不足之处（图7-8a）。

　　（2）垂直方向的组织。即把不同的流线组织在不同的层上，在垂直方向把不同流线分开。这种垂直方向的流线组织，分工明确，可以简化平面，对较大型的建筑更为适合。但它增加了垂直交通，同时分层布置要考虑荷载及人流量的大小。一般来讲，总是将荷载大、人流多的部分布置在下，而将荷载小、人流量少的置于上部（图7-8b）。

　　（3）混合方向的组织（水平和垂直相结合的流线组织方式）。即在平面上划分不同的区域，又按层组织交通流线，常用于规模大、流线较复杂的建筑物中（图7-8c）。一般中小型公共建筑，人流活动比较简单，多取水平方向的组织；规模较大，功能要求比较复杂，基地面积不大，或地形有高差时，常采用垂直方向的组织或水平和垂直相结合的流线组织方式。

（a）水平组织方式　　　　　　（b）垂直组织方式　　　　　（c）混合组织方式

图7-8　公共建筑的流线组织方式

三、合理进行空间组织

　　方案设计是一个从宏观到微观，从简略到细致，从定性到定量的不断发展、逐步推进的过程。建筑功能设计阶段的基本任务是落实平面功能、成型空间体系，因此该阶段不只是在平面维度对建筑功能和流线进行布置和表达，还需要根据建筑的功能特点来进行三维空间的设计并选择合适的空间组织形式。根据功能对空间的尺度形状、限定方式、空间环境进行合理安排，并对多个空间的组合及序列关系做好处理，综合运用对比、重复、过渡、衔接、引导等一系列空间处理手法，把个别的、独立的空间组织成为一个有秩序、有变化、统一完整的空间集群。对于空间的尺度形状、限定方式、组合形式及处理手法，在本书第二、三章节做了详细的介绍。

第三节　任务实施

一、任务布置

　　根据期末大设计任务要求，在上一阶段概念构思设计的基础上，进行建筑内部功能空间设计。

二、任务组织

　　（1）课堂实训：对给定的大作业设计任务，进行建筑内部功能空间设计，运用平面布置图、剖面示意图、透视草图等形式表达，并在课上汇报讨论。
　　（2）课后训练：结合课程大作业要求，完成项目的平面布置图、重点空间剖面示意图及必要的空间构成分析图。

三、任务分析

　　（1）结合课程大作业要求，理解并掌握建筑功能分区及流线设计的知识和技能。
　　（2）理解设计内容和使用者对建筑功能的需求，合理安排功能空间。
　　（3）在满足功能的前提下，优化和完善各功能区域的空间组织关系。
　　（4）能够结合当下的社会热点需求（智慧社区、人性化理念、新旧共生、工业情怀、生态性、低碳生活、叙事性主题等），进行拓展性的设计思考。

四、任务准备

结合课程大作业的设计定位、设计风格选择及成本控制需求，根据现状建筑图纸，明确房屋构造和结构，了解可拆除和新建部位的墙体，在此基础上进行建筑平面设计。

五、任务要求

（1）课堂限时45分钟，2~4人一组，每位同学完成一个建筑功能分区和流线设计草图，组织同学进行交流讨论，配以适当的空间透视草图和断面示意图，并择优确定其中一个方案，以备后续课程使用。

（2）课后需用CAD制图、Sketchup空间建模等方式，完成期末大作业各层建筑平面布置草图及必要的空间分析图示意。

六、任务呈现

1. 功能分区图示意图（图7-9~图7-12）

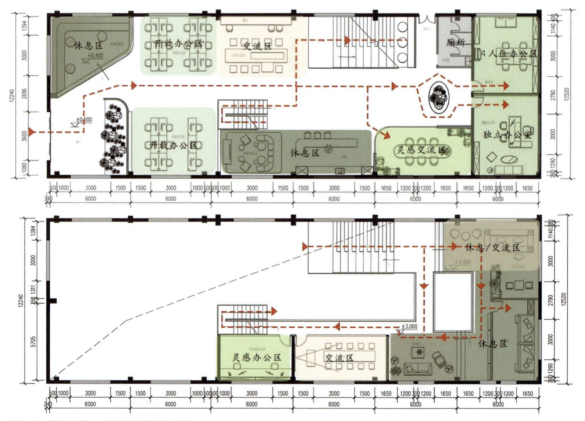

图7-9 学生作业——平面功能分区示意图

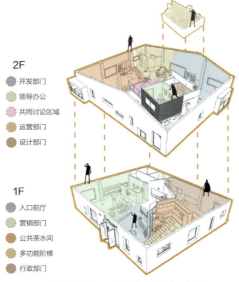

2F
- 开发部门
- 领导办公
- 共同讨论区域
- 运营部门
- 设计部门

1F
- 入口前厅
- 营销部门
- 公共茶水间
- 多功能阶梯
- 行政部门

图7-10　学生作业——功能分区轴测示意图1

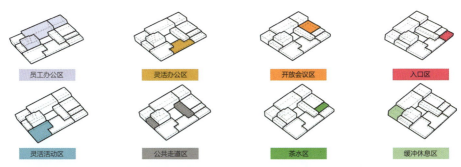

员工办公区　　灵活办公区　　开放会议区　　入口区

灵活活动区　　公共走道区　　茶水区　　缓冲休息区

图7-11　学生作业——建筑功能区块示意图

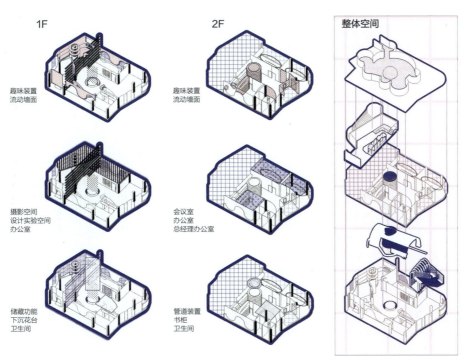

1F　　　　　2F　　　　　整体空间

趣味装置
流动墙面

趣味装置
流动墙面

摄影空间
设计实验空间
办公室

会议室
办公室
总经理办公室

储藏功能
下沉花台
卫生间

管道装置
书柜
卫生间

图7-12　学生作业——功能分区轴测示意图

2. 交通流线分析图（图7-13、图7-14）

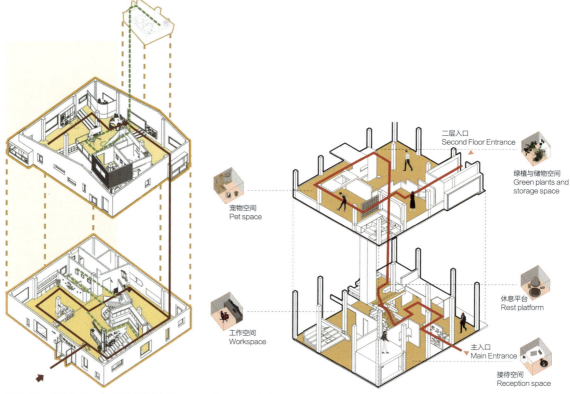

图7-13　学生作业——交通流线分析图1　　　图7-14　学生作业——交通流线分析图2

3. 内部空间组合示意图（图7-15～图7-18）

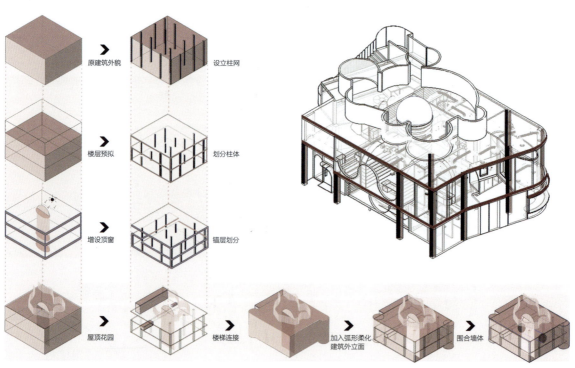

图7-15　学生作业——建筑空间生成分析

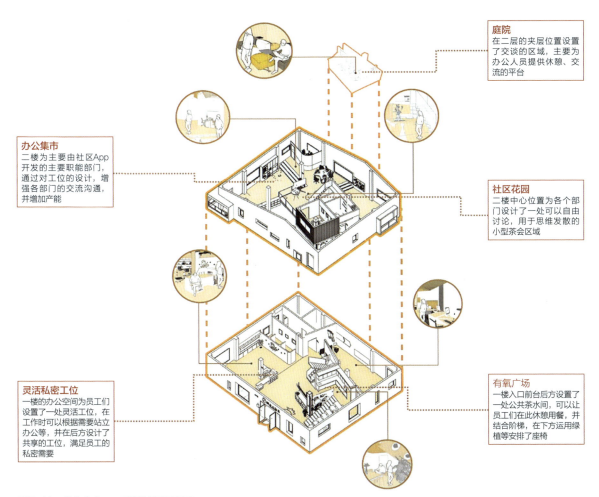

庭院
在二层的夹层位置设置了交谈的区域,主要为办公人员提供休憩、交流的平台

办公集市
二楼为主要由社区App开发的主要职能部门,通过对工位的设计,增强各部门的交流沟通,并增加产能

社区花园
二楼中心位置为各个部门设计了一处可以自由讨论,用于思维发散的小型茶会区域

灵活私密工位
一楼的办公空间为员工们设置了一处灵活工位,在工作时可以根据需要站立办公等,并在后方设计了共享的工位,满足员工的私密需要

有氧广场
一楼入口前台后方设置了一处公共茶水间,可以让员工们在此休憩用餐,并结合阶梯,在下方运用绿植等安排了座椅

图7-16 学生作业——建筑轴测示意图

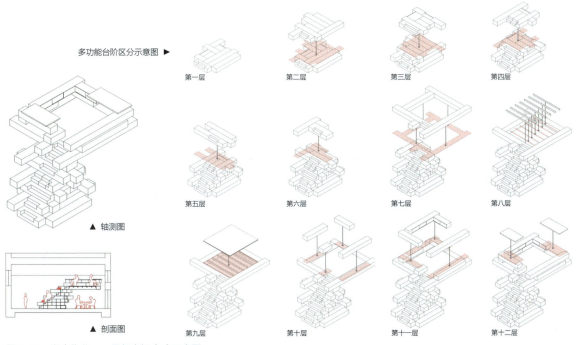

多功能台阶区分示意图 ▶

第一层　　　　第二层　　　　第三层　　　　第四层

第五层　　　　第六层　　　　第七层　　　　第八层

第九层　　　　第十层　　　　第十一层　　　第十二层

▲ 轴测图

▲ 剖面图

图7-17 学生作业——局部空间生成示意图

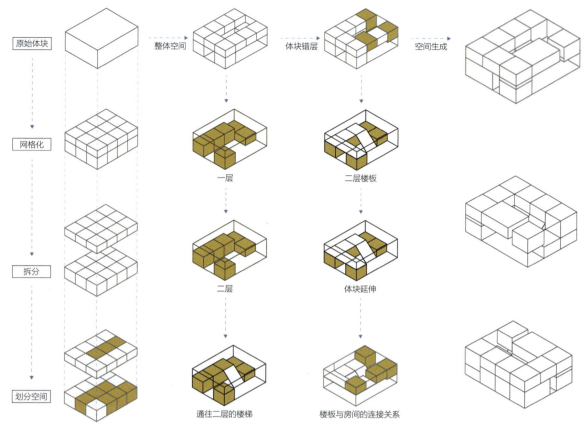

原始体块		整体空间		体块错层		空间生成

网格化   一层   二层楼板

拆分   二层   体块延伸

划分空间   通往二层的楼梯   楼板与房间的连接关系

图7-18　学生作业——内部空间生成示意图

本章总结

本章的学习重点是建筑内部功能设计的内容和方法，学会进行功能分区和流线设计，学会对建筑空间的组合关系进行处理，具备三维的空间感知力和空间驾驭能力。

课后作业

根据期末大设计任务要求，在上一阶段概念构思设计的基础上，进行建筑内部功能空间设计，以CAD平面布置图、Sketchup空间建模、剖面示意图及必要的空间分析示意图呈现。

思考拓展

浅谈设计师的同理心在建筑功能设计阶段的重要意义。

课程资源链接

课件

第八章 建筑外部形体设计

第一节 任务导入

当人们看到一座建筑的时候，往往是先看到建筑的外部形体，从而产生各种感知与喜好。因此建筑外部形体的设计是十分重要的。建筑的外部形体设计不能简单地理解为是建筑内部空间设计完成后的一种加工和处理。建筑外部形体实际上是内部空间的外在特征，与内部空间有着紧密的联系，实际设计过程中应当与内部空间设计一起进行考虑，及时进行两者的调整，以达到内外的统一。

在实际的工程项目中，建筑的外部形体需要考虑总体规划要求、周边环境、建筑功能、结构与材料等客观条件，还需要在一些美学原则和规律的基础上使用具体的手法进行设计。建筑外部形体设计的主要任务就是通过对一些具体设计手法的学习来认识现代建筑外形的基本形式和设计。同时应该注意，建筑外部形体的设计通常不是只运用一种设计手法就可以完成的，往往需要几种手法的相互配合与协调。

知识目标

（1）认识现代建筑基本外部形体的形式。

（2）熟悉常见的建筑外部形体设计手法。

能力目标

（1）具备基本的建筑外部形态分析与设计能力。

（2）具备在同一设计中综合运用不同设计手法完成外部形态设计的能力。

第二节 任务要素

一、加法

加法是在建筑主体上添加一些附属的部分，可以使整个建筑的造型效果变得更加丰富。添加的部分应该能够烘托整体建筑的造型，与建筑主体有机地融为一体；要避免使人感到添加的部分是偶然地或者勉强地被附加到主体建筑上的，应该使人觉得有了添加的部分整体建筑才够完整，少了这个部分整体建筑就会逊色不少。加法常用的造型处理手法有以下几种。

（1）在较为完整的建筑主体上添加附属的、体量相对小的形体，增加建筑的形体丰富程度（图8-1、图8-2）。

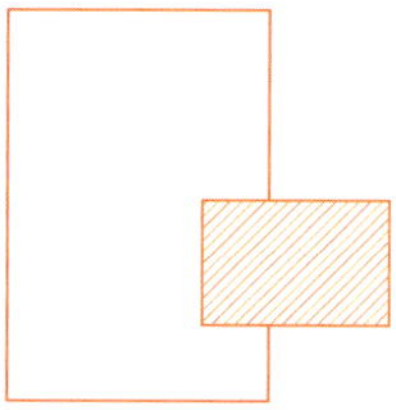

图8-1 主体上添加
附属小体量形体

图8-2 匈牙利火山公园游客中心

（2）在建筑主体上添加具有一定意义的符号性质的形体，来表达建筑所代表的特定意义、建筑风格或地域文化等（图8-3、图8-4）。

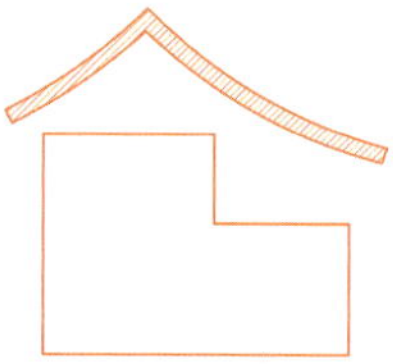

图8-3 主体上添加
具有符号性质的形体

图8-4 上海市奉贤区南宋村宋宅

（3）从建筑主体上延伸出来一个引人注目的部分，成为视觉焦点，形成具有一定表现力和戏剧化的形体造型（图8-5、图8-6）。

图8-5 主体上延伸出
视觉焦点

图8-6 某别墅设计方案

（4）将建筑的一些部分利用片状或块状的形体进行叠合或覆盖，使建筑形体显得更加灵活，光影变化更加丰富（图8-7、图8-8）。

图8-7 对主体进行
叠合或覆盖

图8-8 韩国果川市VIN ROUGE干红葡萄酒总部大楼

二、减法

减法是从完整的建筑形体上切掉或挖掉体量较小的几何形体，最终使建筑形体富于变化，但又不失简洁与精巧的外形感受，在现代建筑形体设计中最为多见。由于人的视觉思维本能地会将一个形体残缺的部分在大脑中进行补全，自动映射出最初完全的形体，因此好的减法仍然会使建筑的整体形体更加完整和稳定。做减法时需要注意剪切的部分在平面上下层之间的关系。减法常见的造型处理手法有以下几种。

（1）对建筑主体进行横平竖直的剪切，既保留了原有形体的完整性与干净简洁的外形特点，又增加了形体上的变化；同时会增加一些必要的使用功能，如门窗洞口、户外平台等（图8-9、8-10）。

图8-9　对主体横平竖直剪切

图8-10　中国国际设计博物馆

（2）在建筑主体上进行单次斜切或者连续的斜切，使建筑呈现出一种在整体框架下的不规则体量感，在形态上会显得更加生动灵活。但要注意建筑主体还是要在体量关系上占绝对比例，而且切割的部分要有一定规则，比例小而集中（图8-11、图8-12）。

图8-11　对主体斜切　　图8-12　日本我孙子市独立住宅

（3）将建筑底层或某一层或某些层抬高，使这一层或这几层架空，变成与室外空间。架空设计可以充分体现建筑形体上的虚实关系，架空层可以成为入口空间、停车空间、公共交流空间等，还可以增强建筑的通风采光效果（图8-13、图8-14）。

图8-13　主体底层架空　　图8-14　某办公建筑

（4）可以在建筑本体上进行更加复杂的剪切，使利用减法的部分成为该建筑的重要功能所在，也是形体上最引人注目的地方，增强了建筑的外形特征和辨识度（图8-15、图8-16）。

图8-15　主体上复杂的剪切

图8-16　韩国高阳市双月楼文化中心

三、交错

交错是建筑中两个或两个以上的形体相互交织在一起的形态，可以是体块与体块之间的咬合相交，也可以是面与体块之间紧密贴合的交错效果。交错的手法一般用在原始造型比较稳重的建筑中，可以增加原有建筑形体上的变化；在不改变原有建筑基本造型的基础上形成具有强烈视觉印象的新形象。特别是相交错的形体如果具有不同的外部材质，可以在统一的整体形态下形成更加鲜明的对比效果。交错常用的造型处理手法有以下几种。

（1）体块的交错一般使用形体或体量比较接近或相差不太大的两个或更多的体块来完成（图8-17）。体块与体块之间相互咬合，在造型上形成竖直方向或水平方向的错落，塑造出更加生动的建筑形体。有时体块的交错也会创造出相对比较丰富的平面和内部空间（图8-18）。

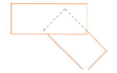

图8-17　体块交错　　图8-18　智利昆科市Lago Golico住宅

（2）面与体块的交错感觉是在一个完整的建筑形体之外紧密包覆了一个不完整的面层，或者说是把一个建筑的外壳撕开一个或多个部分，露出内部的形态（图8-19）。这种手法一般会将面与体块使用不同的材料和色彩，通过较大的差异性来体现建筑一个既完整又新奇的外部形体。这种手法对平面的影响不会很大（图8-20）。

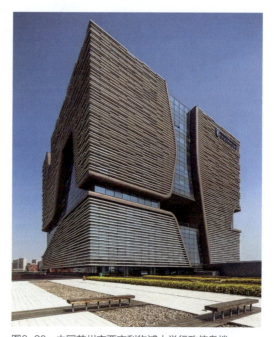

图8-19　面与体块交错　　图8-20　中国苏州市西交利物浦大学行政信息楼

四、分离

分离是将建筑形体在水平方向或竖直方向分成几个形状和体量比较相似的体块，然后横向或纵向推移其中的个别体块，有时甚至可以旋转个别体块，同时可以适当缩小或放大被移动的体块，以形成新的建筑形体。这几个体块可以使用不同的材质来增加变化的效果。分离常用的造型处理手法有以下几种。

（1）分离的一种手法是参与分离的建筑体块相互贴合，没有明显较大的间隙，可以存在但不明显的交错咬合（图8-21）。这种手法可以由于体块之间大小、材质、方向的不同形成对比，产生一种在整体呈现规整化的基础上局部破坏内在规律的统一与变化相谐调的美感（图8-22）。

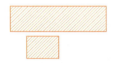

图8-21 体块贴合分离

图8-22 法国蒙彼利埃市Scolaire Germaine Richier学校

（2）当建筑造型水平方向过长或者体量过大的时候，可以将分好的建筑体块在水平方向或竖直方向间隔排列，体块之间用新的统一的体块进行连接。某种程度上可以看作是加法或者是交错的手法，但是更具有规律性和韵律感（图8-23）。这种方法会使建筑体量变得轻盈，体块分割有层次，立面充满细节感（图8-24）。有时会使用建筑表皮的分离而非体块的分离来造成相似但又别有味道的视觉效果（图8-25）。

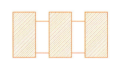

图8-23 体块排列分离

图8-24 某住宅设计

图8-25 某办公建筑

五、重复

重复是将完全相同或者形式相同比例不同的体块或建筑元素按照一定的美学原则进行组合。组合中各体块或元素数量较多，组合角度不同，不断地重复使单一形体组合成为形体特征鲜明、具有强烈节奏感和韵律感、光影关系绝佳的新的建筑形体。

（1）体块的重复可以使各体块在水平方向以不同角度相互上下搭接或交错（图8-26、图8-27），或者围绕同一个或者不同的竖直中心线进行旋转（图8-28、图8-29）。各体块的方向不同，能够适应环境中对不同空间的功能需求，同时带来建筑形体的动态化观感。这种手法对于体量较大的建筑较为适用。

图8-26　搭接交错重复　　图8-27　某办公建筑方案

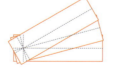

图8-28　旋转重复　　图8-29　美国阿灵顿市高地大楼

（2）建筑元素的重复同样可以给建筑形体带来巨大的变化。这类元素可以是楼梯或坡道的栏杆扶手，各楼层的窗檐口构件、阳台或露台，建筑外墙或幕墙的装饰元素等（图8-30～图8-33）。

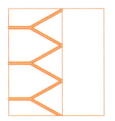

图8-30　建筑元素重复

图8-31　日本广岛丝带教堂

图8-32　中国杭州西溪办公园区大楼

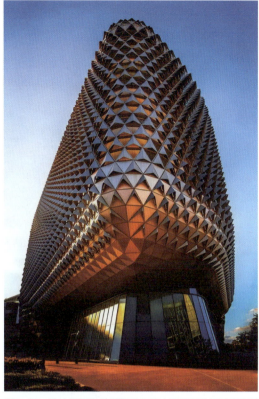

图8-33　澳大利亚阿德莱德市南澳大利亚卫生医疗研究院

六、外墙面与外窗

　　一般来说，一座建筑根据其采光和通风的功能需求或多或少都要在外墙面上开窗。开窗可以是洞口，也可以直接是大面积的玻璃幕墙或其他透光材料幕墙。这些窗洞口或幕墙的处理不能抛开建筑功能、内部空间需求、建筑结构等来孤立地进行，而是要与这些设计要素相互协调和配合。有时可能为了窗洞口在建筑形体上的美观需求而调整内部空间的布局。

　　（1）最简单的窗洞口处理方式是按照建筑柱和梁的排列整齐均匀地排列窗洞。但这种方式经常会显得单调。这时可以按照一定的规律将窗洞口进行大小间隔排列或者成对排列，也可以利用一些如窗台、遮光板、横向或竖向分隔线等与窗相关的元素对洞口进行有规律的装饰，都可以打破这类单调感（图8-34、图8-35）。

图8-34　北京某酒店大楼改造设计

图8-35　dave & bella办公总部

（2）当在建筑物外墙面开设横贯建筑水平方向或纵贯竖直方向的长窗时，可以在长窗中间设置一些突出的分隔线或实体的面来打破过长的开窗，并能创造一种虚实结合的韵律感（图8-36、图8-37）。

图8-36　美国奥斯汀市抵达东澳斯汀酒店　　图8-37　印度艾哈迈达巴德市Mallcom 工厂

（3）当一个或多个外墙面采用部分透光幕墙或全部透光幕墙时，透过幕墙可以看到幕墙的结构系统，还可以看到建筑内部的空间。这个时候幕墙的结构系统和建筑内部的展示效果就尤为重要。但有时候幕墙本身的每个单元就具有一定的造型，组装完成后会带来非常特殊的建筑外部形体特征，这需要在选择幕墙时就要考虑内部空间的功能需求、建筑结构的适用性以及幕墙完成后的真实效果等因素（图8-38、图8-39）。

 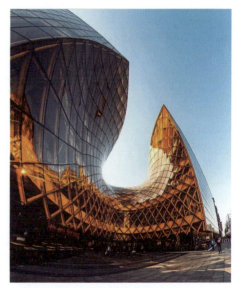

图8-38　澳大利亚瓦南布尔市图书馆与学习中心　　图8-39　瑞典马尔默市伯利亚商业综合体

七、色彩与质感

色彩与质感也是建筑外部形体设计中不可缺少的内容，而且都是通过外部形体上使用的材料表现出来的。色彩和质感都是材料表面的一种属性，通常情况下不能把这两个属性分开进行设计，因此设计时需要通盘考虑。但是这两种属性的搭配具有非常多的可能性，这也成为色彩与质感设计中比较难的地方。

（1）色彩的选择应当考虑建筑本身的功能属性、地域属性、体量、尺度，还应当考虑建筑艺术性以及该建筑在整体城市规划中的要求。例如，幼儿园建筑的外部用色会比较鲜艳，教学建筑会多用采用暖色、灰色，医院建筑一般使用白色或很浅的颜色等；沙漠地区的建筑多使用黄色、棕色、红色（图8-40），海边的城市建筑会多采用浅色、白色和蓝色（图8-41）。现代建筑设计中除了上述因素的考虑，一般在色彩设计上要注意整体色调的选择，同时注意既要统一和谐又要通过不同色彩的点缀带来变化。

图8-40　印度焦特布尔市chhavi住宅　　　　图8-41　中国烟台养马岛海岛日记民宿

（2）质感是人看到建筑表面材料后产生一种心理感受，可以表现为建筑表面的粗糙、光滑、沉重、轻盈等，使人感到建筑的稳重、淳朴、现代、科技感等（图8-42～图8-45）。质感主要取决于外部形体上使用的材料和材料的装饰装修方法，色彩不同，同样的材料通过不同的装饰装修方法会获得不同的质感。质感的选择同色彩相似，也要考虑建筑的一些基本属性，同时也可以通过特殊质感的设计来体现建筑的个性特征（图8-46）。

图8-42　中国宁波博物馆　　　　　　　　　图8-43　丹麦维厄勒海峡屋办公楼

图8-45 土耳其伊斯坦布尔某品牌零售店

图8-44 德国科隆布鲁登·克劳斯教堂 　　图8-46 加拿大魁北克市西蒙园区大楼

第三节　任务实施

一、任务布置

　　根据期末大作业的任务要求，在上一阶段建筑功能设计的基础上，依照本章所学习到的内容进行建筑外部形体的设计。

二、任务组织

　　（1）课堂实训：同学根据课堂所学习的内容针对自己上一阶段的平面设计进行外部形体的设计，绘制好草图在课上进行讨论。

　　（2）课后训练：结合大作业要求完成建筑外部形体的设计，并用分析图图解方式画出外部形体生成的过程。

三、任务分析

　　（1）结合课程大作业要求，理解并掌握建筑外部形体设计的相关知识和设计方法。

　　（2）理解建筑外部形体与建筑功能和内部空间之间的关系，合理设计外部形体。

　　（3）考虑在外部形体必要的情况下，适当微调建筑内部空间和功能布局。

　　（4）能够结合建筑发展的趋势（智慧建筑、绿色建筑、微更新设计等），对建筑外观进行拓展性的设计思考。

四、任务准备

（1）结合课程大作业要求，明确外部形体的设计定位、设计风格以及成本控制需求，结合平面与内部空间确定构造和结构上的变更。

（2）可通过图书与网络资源以及实地调研收集相关建筑外部形体的实例作为参考。

五、任务要求

（1）课堂限时45分钟，每位同学根据已有的平面布局和内部空间设计完成至少3个外部形体的概念设计；然后组织同学进行交流和讨论，教师进行适时指导，最终优选一个概念设计。

（2）每个概念设计都需要有完整的构思过程，并通过草图形式绘制出来。

（3）课后利用建模软件完成外部形体的设计初稿，利用图形软件绘制构思分析过程。

第四节　任务呈现

本节所涉及的一些建筑外部形体设计手法在学生的课程作业中有所体现，并且并非只使用单一手法进行设计，而是考虑建筑功能与内部空间的基本需求，以及周边环境的影响等因素。

图8-47中社区办公室空间设计由于是旧厂房改造，所以屋顶和墙面基本保留了原有样貌。设计者利用加法的手法，在外墙转角处和墙面上增加了凸起的阳台空间和飘窗，解决了原有厂房墙面过于单调的弊端。同时在外墙面设计了大小不同、位置变

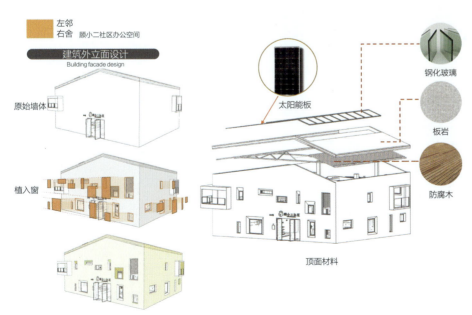

图8-47　社区办公空间设计

化的窗洞口，看似没有规律，实际却按照一定比例关系和韵律法则进行了精心设计，更增添了改造后建筑外观的视觉效果和美感。改造后的建筑外部形体与内部功能和空间也相互呼应、谐调。

图8-48中呈现的建筑外部形体利用了加法、减法的设计手法，并大量使用幕墙。在较为规整的建筑体块上分别增加了立面上角部的突出体块和屋顶局部突起体块。角部增加的体块形成办公区域的会客空间，有着良好的采光和对外视野；下部覆盖的室外空间形成良好的室外休息区域。屋顶的突起体块将楼梯间顶部空间进行了优化处理，既满足了使用功能，也为原本平淡的屋顶平台空间增加了趣味性。楼梯间后部的建筑空间在三层采用了减法设计，挖去了一个方盒子空间，形成另一个室外休息平台，也让方正的整体建筑形体增加了更大的变化。玻璃幕墙的使用打破了墙体开窗洞带来的整体封闭感，开敞的室内外通透感更加符合建筑所承载的企业文化和特征。

图8-49中的建筑外部形体设计采用了加法和减法两种手法。在建筑的侧面和顶面分别增加了建筑体块，并使用加法中覆盖的方式使加入的体块显得较为轻盈，与该设计以纺织为主题创意的思路相吻合。同时在原有体块中也使用了减法，使外墙面的纵横长洞口能够与内部空间功能相协调。

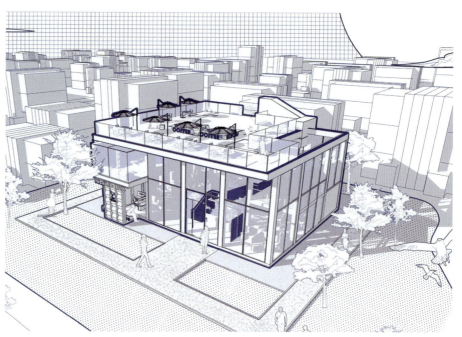

图8-48　咖啡厅设计

图8-49　办公空间设计

本章总结

    本章的学习重点是了解并掌握建筑外部形体的设计原则和方法，学会利用图纸表达建筑立面造型的方法，具备结合立面造型调整设计方案的总平面、平面和剖面的能力，具备规范、准确绘制设计方案图纸的能力。

课后作业

    在已完成的课程大作业建筑平面设计基础上，单独或综合利用本章所讲解的至少三种设计方法进行建筑外部形体设计。将每一个外部形体设计的生成过程通过手绘草图或计算机模型草稿的形式记录下来，认真分析生成过程中存在的问题和解决方法。

思考拓展

    在建筑外部形体设计中除了本章所讲授的方法外，还有许多理论原则或形式相类似的方法。可以自己进行拓展学习，尝试其他不同的设计方法来设计自己的建筑外部形体。

课程资源链接

课件

第九章 建筑方案的调整、细化和表达

第一节 任务导入

　　建筑方案调整、细化和表达阶段是建筑设计在前期调研分析和方案设计构思与优选的基础上，对设计进行更加深入的研究，形成设计的详细方案，并通过可视化的方式表达出来呈现给客户。

　　方案调整需要充分考虑设计项目的功能要求、空间布局、结构形式、材料选择等因素，在各个方面进行调整，直到确定最终的设计方案。在方案细化阶段，设计师们将以确定的设计方案为基础，进一步细化方案的各个细节。这个过程包括设计和确定各个功能区域的具体布局、确定家具布置方式、选择各种建筑材料等。在实际工程项目中，设计师还需要与其他专业人员密切合作，确保建筑结构、给排水、电气、暖通空调等系统的设计与建筑方案相协调。

知识目标
（1）掌握建筑方案的调整与细化过程和方法。
（2）了解建筑方案表达的种类和要求。

能力目标
（1）具备最终完成建筑方案设计与表达的基本能力。
（2）具备设计可视化表达的能力。

第二节 任务要素

一、设计方案的调整

　　对优选后的方案进行调整与修正时，需要注意不能打破已有设计大框架关系，即已有的总体布局、各功能空间关系与性质、动线组织等，在适当范围内进行调整。调整的重点是已有设计内容中存在的问题。例如，总平面图需要确定好建筑主体与环境之间的位置关系，室外动线组织等；平面图需要确定各平面空间的布局与空间关系、建筑内部动线组织等；同时需要注意大的体块之间的相互关系。

1. 总平面深化调整
　　总平面完成初步设计后需要按照一定的逻辑顺序进行更加细致的调整，最终确定各种平面关系、动线组织、周边环境设计等。

（1）思考并确定建筑整体与基地和周边环境的具体空间位置关系，明确基地的主要入口与次要入口（如果有必要设置），基地内的环境设计与基地周围环境的关系。

（2）思考并确定建筑物在基地内的空间布局，基地内部环境与建筑物之间的关系、基地内人流动线的组织等。

（3）思考并确定基地内部和建筑物的高程设计，明确各种外部空间中道路铺装、硬化和绿化、水系、景观小品等细节设计。

2. 建筑平面深化调整

在总平面设计基本确定后，建筑平面同样需要进一步的深化调整，确定最终内部各空间的各项设计指标，确定建筑使用的结构方式和构造方式等。

（1）思考并明确建筑内部各空间的位置关系、尺度、形状、家具布置形式等。

（2）思考并明确建筑内部交通空间的尺度、形式、连接方式，明晰人流动线组织。

（3）在上述内容确定后开始考虑所需要的建筑结构，明确在此结构中的各类空间尺寸，量化支撑此建筑结构形式的各类墙体、梁柱等的尺寸。

（4）进一步确定门、窗及各种构造的尺寸。

（5）精确并核对各类建筑经济技术指标。

3. 立面设计

在方案构思阶段更加注重空间关系和平面概念设计，在立面上只是进行粗略的体块关系思考。立面设计一般来说是在设计方案调整阶段进行的。根据之前的体块关系以及已经确定的平面空间关系，依照形态构成方法和形式美法则并结合建筑本身的功能、性质以及时代特征进行立面的设计。

（1）根据建筑物总的形态特征和性质特征，确定设计立面以水平要素为主还是竖向要素为主，进一步确定立面造型呈现的特点，是轻巧活泼还是厚实稳重，初步考虑造型上采用什么比例与尺度。

（2）根据建筑物的采光、通风、门窗位置等确定立面造型上的虚实关系，并根据这种关系来确定立面上的比例与尺度。

（3）通过上述两种方式的设计进一步确定立面造型上的层次感（建筑立面上各部分的凸凹、遮挡、远近等关系）。

（4）将立面造型上使用的不同手法进行统一，保持最终风格的一致性。

4. 剖面设计

在前几个阶段，我们结合功能确立了建筑空间的大致框架。在这一阶段，需要根据内部空间和立面造型进行调整和深化。

（1）确定建筑物室内外的高差与竖向交通方式和相关整体尺寸。

（2）根据建筑各空间的功能需求和造型需求确定建筑各层的层高、净高以及这些空间的位置关系、竖向交通方式及相关整体尺寸。

（3）根据之前确定的建筑结构方式确定在剖面图中展示的结构连接方式、结构带来的造型形式以及必要的构造形式。

（4）在上述内容确定的基础上明确竖向交通方式的结构和构造方式及其尺寸。

二、设计方案的细化

细化阶段的基本任务是最终确定方案的各部分内容与各种细节，以便进入设计方案的最终表现阶段。但是这一阶段不适宜也不能够进行大的调整与变化，否则设计过程将重新回到方案构思阶段。方案细化的主要内容如下。

（1）对调整修正与发展阶段的成果进行评估后采取适当的调整，包括总平面、建筑平面、立面、剖面、结构、构造等。

（2）绘制适当角度的室内外透视图来进一步完善建筑的外部造型和主要室内空间，特别是主要可视的部分。

（3）在平面图、立面图和剖面图中进行视线分析的绘制，确定不同空间之间的视线关系、交通流线关系和功能衔接与转换关系，使室外和室内各空间的关系更加有逻辑。

（4）对各类经济技术指标进行进一步的统计与核对，保障各项指标都符合设计任务的要求。

（5）总平面和建筑平面中各类铺装材料与形式，垂直交通方式的形式与造型设计，各种绿化、水体、小品设施、家具陈设、灯具等的细化设计。

（6）建筑立面中的墙体、屋顶、立柱、门窗等细部设计、材料选择、色彩搭配、光影设计等。

（7）建筑剖面中重要部位的结构与构造形式与材料，楼梯及其构件的设计与材料，天花、墙体、地板的各种构造方式与材料的选择。

三、建筑方案的二维表达

建筑方案设计完成之后其实很大程度上还是处于设计稿的阶段，需要将草稿上的内容完整、准确、有效地利用更加正式的方式表现出来。二维表达主要是各种设计图纸，这是设计者用于表达设计意图、用作实施依据的应用型绘图方式，主要使用一些计算机专业软件进行绘制和制作，内容包括各类工程制图、分析图、展板等。另外大家常见的建筑效果表现图和视频动画虽然展示的是三维立体的内容，但其实还是在二维的屏幕上显现出来，并没有三维空间里的实际效果。

1. 总平面图的绘制

总平面图是由高空向下俯视建筑及其周边环境所得到的正投影图。在方案设计阶段，总平面图中可以直接看到整个建筑基地的总体布局、新建建筑物的屋顶平面、新建建筑物的位置、朝向及与周边环境关系。

在总平面图中需要绘制建筑的屋顶平面和建筑周边的环境（包括建筑周边的道路、建筑入口处的地面铺装、周边的绿化等）。在建筑的屋顶上需要标注该部分建筑物的层数，可以使用1F、2F这种数字和F（Floor）的合写方式来表示一层建筑或二层建筑，以此类推。总平面上还需要使用箭头标注建筑主入口的位置。在图面的左上角或右上角要绘制指北针来表示建筑的方位朝向信息。一般情况下，总平面中的建筑外轮廓线使用粗实线，道路使用中实线，其余的内容使用细实线绘制（图9-1）。

2. 平面图的内容与绘制

建筑平面图的生成，是用一个假想的水平平面沿建筑中略高于窗台的位置切割整个

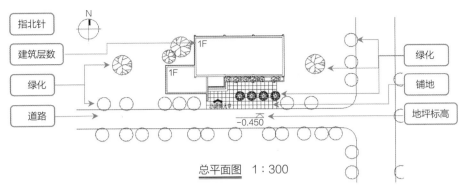

总平面图　1：300

图9-1　总平面的绘制内容

建筑，切好后移去水平面上面的建筑部分，剩余部分向水平面做正投影。建筑平面图反映建筑物内部房间、楼梯、走廊、门窗及墙柱结构等在水平面上的位置。一般情况下，房屋有几层，就画几个平面图，并在图名中注明相应的楼层。由于多（高）层房屋中间若干层的构造、布置情况基本相同，所以通常画标准层平面图即可。

在平面图中一般需要表达的内容包括墙体、柱、门、窗、家具、房间名称、尺寸标注、标高、剖切线等。通常情况下，一层平面需要将外部环境一并绘制出来。

一般情况下，平面中被水平剖切的墙、柱等的轮廓线用粗实线绘制，未被剖切但是可以看到的部分如室外台阶、散水、楼梯、门等用中实线绘制，其余的部分如门的开启线、窗以及尺寸线等用细实线表示。

（1）平面设计图。在图中可以看到上文平面图中所包含的大部分绘制内容（图9-2）。

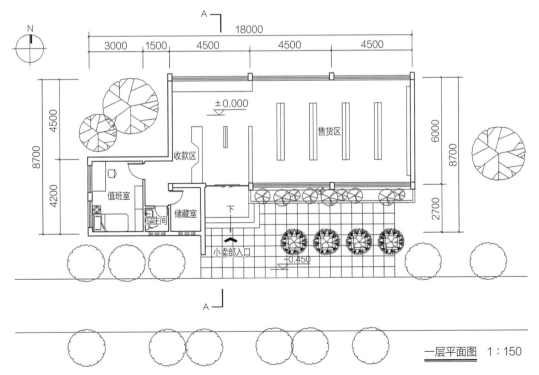

一层平面图　1：150

图9-2　建筑平面图的绘制内容

（2）墙体。图9-3中，为了清晰地看到墙体的位置和形式，特别将所有的墙体使用深色填充。这些墙体都存在于该建筑中，并且都被水平剖切，因此用粗实线绘制。

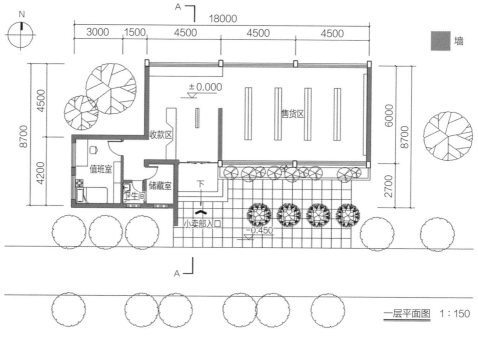

图9-3　墙体位置与画法

（3）柱。图9-4中，所有的柱子用深颜色标注。这些柱子都存在于此建筑中，并且都被水平剖切，因此都要绘制出来。这些柱子和墙体构成了这座建筑的承重结构部分和维护结构部分，并且将该建筑进行了空间的划分。

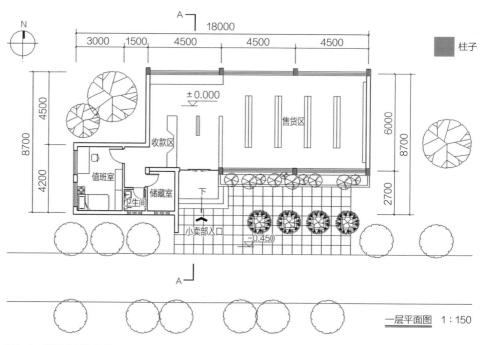

图9-4　柱子位置与画法

（4）门。图9-5使用了虚线框对平面图中的门进行了标注。可以看到有单扇开启的门和能向两侧移动的自动门。图9-6是单扇门的绘制方式。需要绘制出门扇及其开启轨迹。图9-7是自动移门的一种绘制方式。自动移门一般是玻璃的门扇，这里需要绘制出固定的玻璃门扇和可移动的玻璃门扇，并用箭头标出移动门的移动方向。

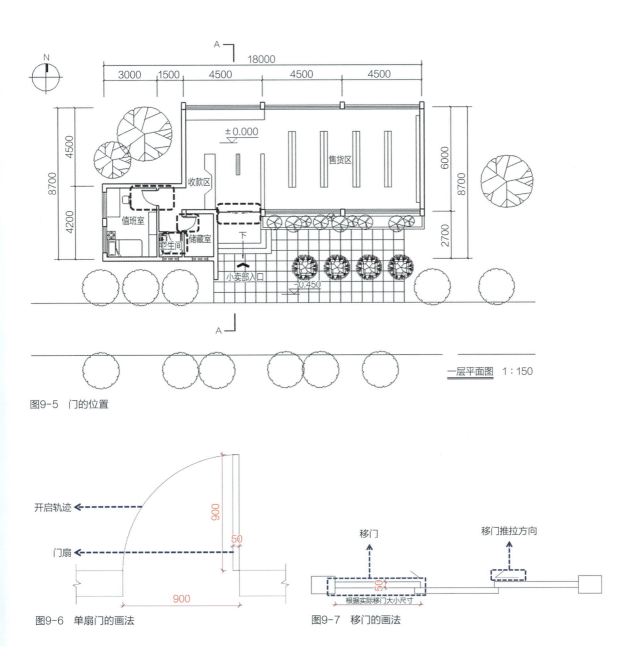

图9-5　门的位置

图9-6　单扇门的画法

图9-7　移门的画法

（5）窗。图9-8中用虚线框标出了建筑中几种不同的窗，它们有不同的绘制方式。位于图面上方长条形的窗是固定的落地窗，可以装有可开启的窗扇，但是在方案图中可以不显示出来；位于图面左侧的窗依照其所处空间位置可以是位于窗台之上的可开启的窗；位于图面下方的窗子是用虚线绘制的，这代表该位置有窗的存在，但是位于平面水平剖切面的上方。

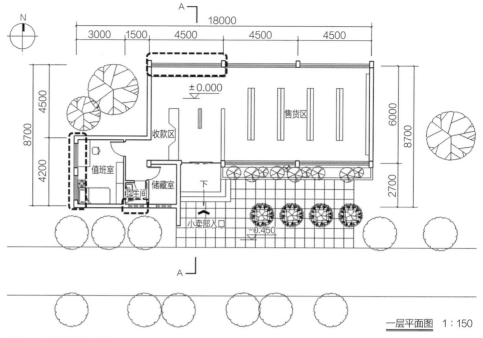

图9-8　窗的位置与画法

（6）家具。平面图中还需要绘制不同空间中布置的家具，以此来展示空间的功能、尺度以及空间的合理性和有效性等特征与要求。图9-9中可以看到在售货区摆放了成排的货架，入口处有收银台，值班室中有桌椅、床和柜子，卫生间中还有洁具。

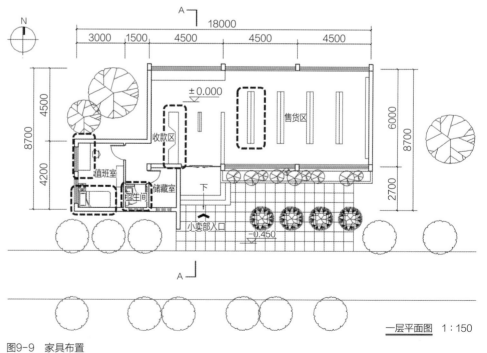

图9-9　家具布置

（7）室外环境。一层平面图一般需要将室外环境也绘制出来。如图9-10所示，室外环境的绘制包括铺地、道路和绿化。

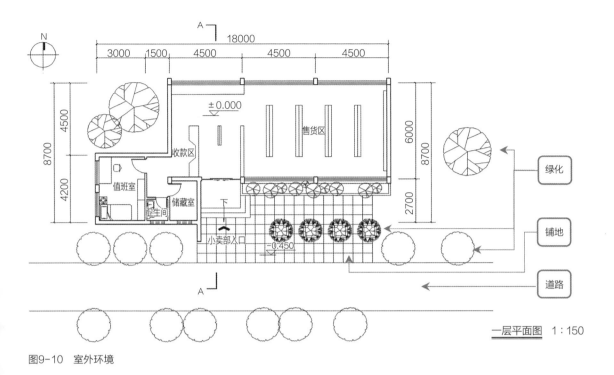

图9-10　室外环境

（8）尺寸标注。平面图中还必须有尺寸标注、室内标高和室外标高、房间名称的文字标注、建筑入口文字标注及入口示意箭头等内容（图9-11）。

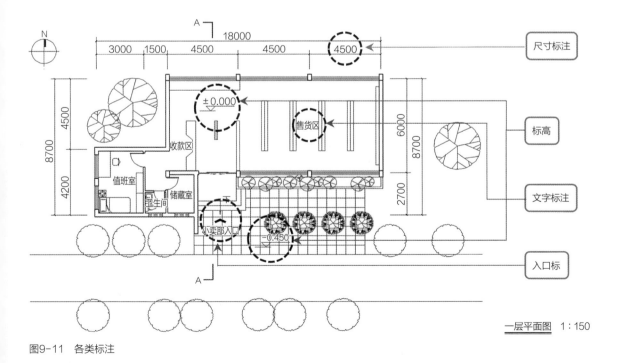

图9-11　各类标注

（9）剖切符号。如图9-12虚线圆圈内就是剖切符号，剖切符号都是成对出现的。图示剖切符号有长短两条边，一组中的长边是位置线，是对建筑进行竖直剖切的位置；短边是方向线，示意在剖切后应看向短边方向形成剖面图（位置线的两侧实际上都可以形成剖切面。但朝向不同，会导致剖面中所看到的室内外内容是不同的）。剖切符号一般还需要使用英文字母依次进行标注来表示进行了不同位置的剖切，并且应该与剖面图图名中的字母标注一致。

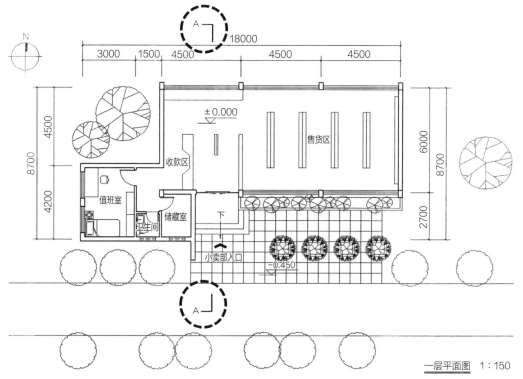

图9-12　剖切符号标注

3. 立面图的内容与绘制

建筑立面图是按正投影法在与房屋立面平行的投影面上所作的投影图，即房屋某个方向外形的正投影图。建筑立面图所表达的内容应该包括投影方向可见的建筑外轮廓线和墙面线脚、建筑外部的结构配件、地坪线、可示意建筑尺度的配景、必要的尺寸与标高等。有时还会给立面图中的建筑加上阴影和绘制墙面材质。

一般情况下，平面图中的建筑外轮廓线使用粗实线，各类突出的构件使用中实线，其余使用细实线，如门窗、墙面材质等。另外，地坪线要使用比粗实线更粗的实线来绘制。

图9-13是图9-2建筑平面图对应的南立面图。可以看到在这个立面图中绘制了建筑的外轮廓、突出墙面的柱子、门窗、入口处上空的雨棚、地坪线、标高以及配景。

需要注意的是虽然这是一层建筑，但是标高却用多个高度进行了标注。图中±0.000是对室内地平面高度的标注，是所有标高的参考基准面高度；-0.450是室外地坪的高度，因为处于室内地平面以下，所以使用负值标注；3.300和4.200这两个标高是管理空间和售卖空间各自屋顶面的高度，是从室内地平面算起的高度，但是不用在数字前添加"+"号；3.900和4.800则是屋顶面上女儿墙距室内地平面的高度。

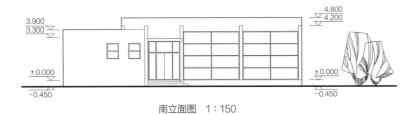

南立面图 1：150

图9-13 立面图绘制示意

4. 剖面图的内容与绘制

建筑剖面图可以想象为用一个或多个铅垂平面去剖切建筑物所形成的投影图。建筑剖面图用以表示建筑内部的结构构造、垂直方向的分层情况、各层楼地面、屋顶的构造及相关尺寸、标高等。剖面图中应包含剖切到的墙体、楼板、地坪、屋顶、门、窗，能够观察到的构件看线以及标高等。

剖切的位置应该在楼梯间、门窗洞口及构造和空间都比较复杂的典型部位。剖面图的数量要根据复杂程度和施工的实际需要而定。剖面图的名称必须与底层平面图上所标的剖切位置和剖视方向一致。

一般情况下，剖面图中被剖切平面剖切到的墙、梁、板等轮廓线用粗实线绘制，没有被剖切到但可见的部分用中实线绘制，其余的内容用细实线绘制。和立面图相同，地坪线要使用加粗的粗实线来绘制。

需要注意，平面图中剖切线使用字母A进行了标注，因此这个位置的剖面图的图名应该是对应的A-A剖面图。

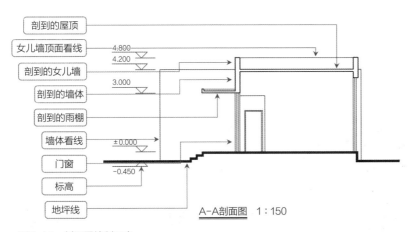

A-A剖面图 1：150

图9-14 剖面图绘制示意

四、建筑方案的三维模型表达

在建筑设计领域，三维模型是一种至关重要的视觉化表达形式，它不仅帮助设计师将抽象的设计理念转化为具体的空间形态，而且也是与客户、施工团队之间沟通设计方案的重要桥梁。建筑方案在三维空间中的表达方式和方法主要包括轴测图、透视图、电脑建模和渲染、实体模型等。通过这些方法，设计师能够更准确地传达建筑的尺度、比例、材料和光影效果，从而在设计阶段预见建筑的最终形态，并在施工前解决可能出现的问题。

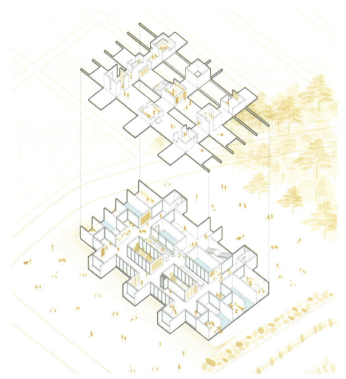

图9-15　正等轴测表达的建筑空间关系图

1．建筑方案轴测图

轴测图是一种三维图形的二维表示方法，它能够直观地展示建筑方案的三维形态和空间关系。在建筑领域，轴测图因其能够清晰表达建筑的体积、比例和材料特性而被广泛使用。例如，用于展示建筑空间形体的生成、建筑和场地之间的关系、建筑局部空间的细节、建筑内外部各个维度空间的关系和结构关系等。轴测图不仅在设计阶段帮助建筑师进行方案沟通，同时也是建筑表现方式中不可或缺的一部分。

轴测图主要分为正等轴测图、斜二等轴测图和正等轴测图。每种轴测图都有其特定的视角和表现特点，选择哪种轴测图取决于建筑方案的具体需求和设计意图。例如，正等轴测图因其对称性和简洁性常用于表现规则的几何形态（图9-15）。

2．建筑方案透视图

透视图是一种通过模拟人眼观察物体的方式，表现建筑方案三维空间的图形。它能够直观地展示建筑的高度、深度和宽度，是建筑设计中非常重要的表达方式。透视图主要分为一点透视、两点透视和三点透视。每种透视图都有其特定的应用场景和表现力。两点透视常用于建筑外观表现（图9-16），使用最为广泛。一点透视适用于表现室内或小型建筑（图9-17），而三点透视因建筑形体的长、宽、高三个方向都有灭点，因此它常用来表达较高的建筑物（图9-18）。

图9-16　建筑两点透视效果图

图9-17　建筑一点透视效果图　　　　　　　　　　　　　　　　　　　　　　　图9-18　高层建筑三点透视效果图

　　绘制透视图可以采用手绘或计算机辅助设计软件。手绘透视图需要掌握一定的绘画技巧和透视原理，而计算机软件如AutoCAD、SketchUp、3dsMax和Photoshop等则提供了强大的透视图绘制功能。

3. 建筑方案电脑建模和渲染

　　电脑建模是利用计算机软件创建建筑方案的三维数字模型的过程。渲染则是利用软件将这些三维模型转换成逼真的二维图像或动画的过程。通常在设计表达阶段，创建数字模型和渲染是前后紧密相连的两个步骤，最终的呈现也是一体的（图9-19）。

　　常用的建模和渲染软件包括AutoCAD、SketchUp、3dsMax、Revit和Lumion等。这些软件能够模拟真实的建筑材质、光照和环境效果。一般会根据建筑方案的图纸建立三维模型，随后添加细节，如窗户、门和其他建筑元素；接下来为模型添加材质和纹理，以提高模型的真实感；最后设置光照和环境来模拟自然光和人工光，设置环境背景。完成的三维模型根据需要的效果选择合适的渲染引擎，在渲染引擎中调整渲染参数，如分辨率、光照和材质细节等，最后进行渲染并输出高质量的图像或动画。

图9-19　学生设计作业——建模渲染后的呈现效果

4. 建筑实体模型

建筑实体模型是按照一定比例制作的建筑方案的实体表现，它可以是全模型或局部模型，用于展示建筑的外观、结构和空间关系（图9-20、图9-21）。

实体模型的制作材料包括但不限于ABS板、木材、塑料、金属和玻璃等。选择合适的材料可以确保模型的稳定性和展示效果。一般先根据建筑方案设计模型的比例和尺寸；然后根据设计图纸切割和加工模型材料；将加工好的材料组装成模型的各个部分；添加门、窗和其他细节，提高模型的真实感；另外也可以对模型进行上色和涂装，以模拟真实的建筑外观。

图9-20 学生作业——实体模型表达1

图9-21 学生作业——实体模型表达2

第三节 任务实施

一、任务布置

根据期末大作业的成果要求，将设计方案进行最终的调整与细化，并绘制成果要求的所有图纸。

二、任务组织

（1）课堂实训：同学认真研究和讨论各自设计方案中仍然存在的问题，有针对性地进行方案的调整与细化。开始进行总平面图、各层平面图、立面图、剖面图的CAD方案图纸绘制。

（2）课后训练：将调整和细化后的设计方案CAD图纸准确、规范地绘制完成。同时完成各类分析图、建筑表现图的制作，完成最后的任务成果。

三、任务分析

（1）结合课程大作业的进度和成果要求，理解并掌握建筑方案的调整和细化内容与方法。

（2）具备建筑方案中调整内容和调整深度的掌控能力。

（3）熟悉并掌握方案设计图纸中所要求内容的绘制，遵守相关的图纸规范。

（4）能够将剖面图中绘制内容与平面和立面图建立一一对应的关系，充分利用剖面图在设计中对空间表达的重要能力。

四、任务准备

（1）结合课程大作业的成果要求，认真完成前一阶段的设计方案，在此基础上进行方案的调整与细化，完成最终的设计。

（2）熟练掌握使用CAD软件进行图纸绘制。

五、任务要求

（1）课堂限时45分钟，同学在前一阶段方案设计的基础上提出调整与细化的内容，同学间进行交流与讨论，确定调整与细化的内容。

（2）方案最终确定后开始在课堂上进行CAD图纸的初步绘制，包括总平面、一层平面、一个立面和一个剖面。

（3）课后完成所有的CAD图纸以及大作业成果要求的其他类别的图纸。

第四节　任务呈现

1. 方案的调整与细化

学生对设计的办公空间方案进行调整和细化，保留之前的交通流线，调整部分办公空间的布局，并在原有一、二层间的中空空间增加新的第三层多功能空间。同时在墙体和窗洞上增加了一些弧形装饰，使空间更加柔和、有趣（图9-22～图9-26）。

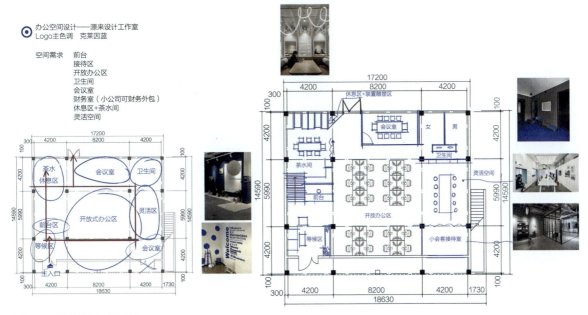

图9-22　调整前的一层空间

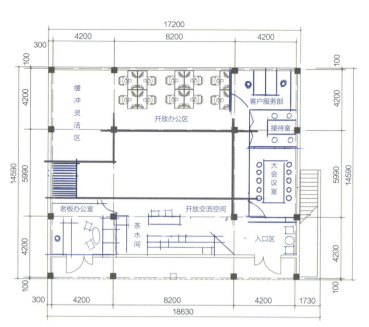

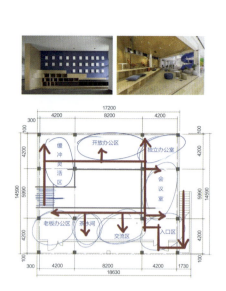

图9-23　调整前的二层空间

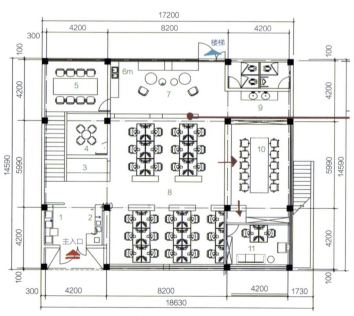

1-接待区　　2-展示区　　3-前台　　　4-接待室（小会议室）　5-会议室
6-茶水区　　7-休息区　　8-开放办公区　9-卫生间　　　　　　10-开放讨论区
11-总监室

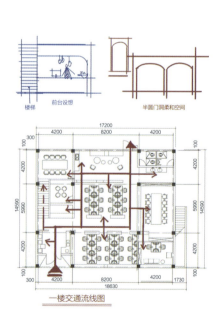

图9-24　调整后的一层空间

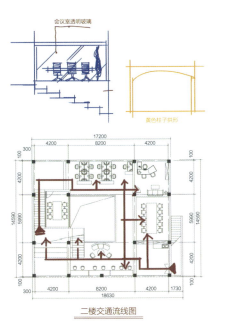

会议室透明玻璃

黄色柱子拱形

二楼交通流线图

图9-25 调整后的二层空间

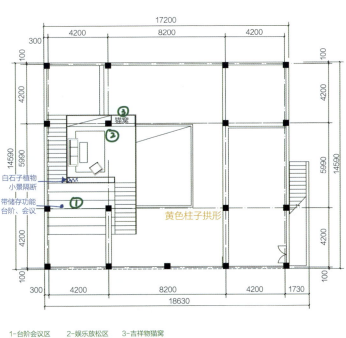

1-会议室　　2-开放式办公区　　3-老板办公室　　4-开放讨论区
5-茶水区　　6-自由办公区　　7-休息区　　8-接待区

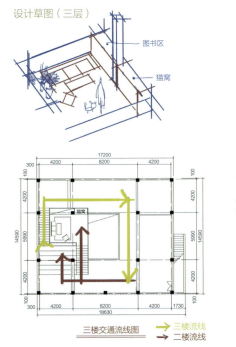

设计草图（三层）

图书区

猫窝

三楼交通流线图　　→ 三楼流线
　　　　　　　　　　→ 二楼流线

白石子植物
小景隔断

带储存功能
台阶、会议

黄色柱子拱形

猫窝

1-台阶会议区　　2-娱乐放松区　　3-吉祥物猫窝

图9-26 调整后新增加的三层空间

2. 方案的最终表达

（1）学生设计成果中的方案平面图。方案平面图有两种主要的形式：一种是按照制图规范绘制的标准的平面图（图9-27）；另一种是在标准平面图基础上增加了一些渲染，使平面图看起来更加生动，但又没有失去原有的规范性和准确性（图9-28）。

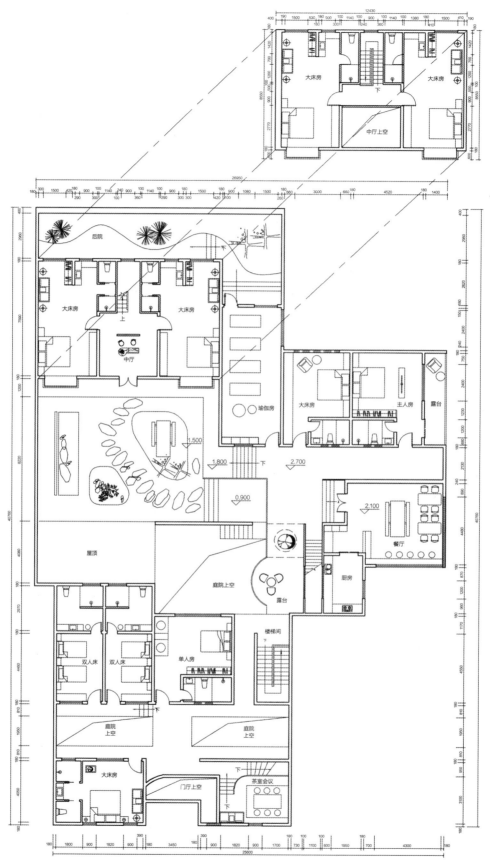

图9-27 按照制图规范绘制的平面图

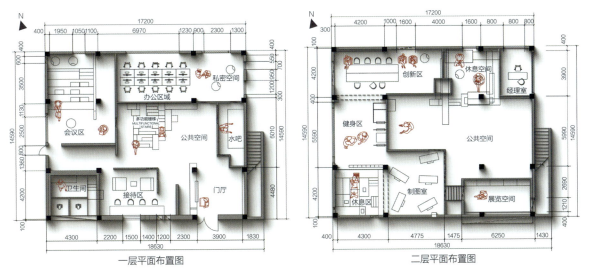

一层平面布置图　　　　　　　二层平面布置图

图9-28　增加了渲染效果的平面

（2）图9-29是学生按照制图规范进行绘制的剖面图，但为了在文本展示中更加生动有趣，学生为剖面图增加了色彩和背景，这样也更加清晰地看到该建筑内外空间与周边环境的视觉关系和尺度关系。

图9-29　增加了渲染效果的剖面

（3）建筑的实体模型在方案设计过程中可以分为两种类型：一种是为了推敲方案的生成所制作的草模，或者称为工作模型，即使用简单的材料搭建出以体块为主的实体模型；另一种是方案设计完成后制作的较为精细的最终模型，能够较为真实地反映出方案的主要内容甚至一些设计细节（图9-30）。

图9-30　最终的建筑实体模型

本章总结

　　本章的学习重点是了解建筑方案设计中的方案调整和细化的内容，熟悉二维图形表达的内容和形式，具备调整细化设计方案的总平面图、平面图、立面图和剖面图的能力，具备规范、准确绘制设计方案图纸的能力。通过这一章的学习，学生能够基本实施一个完整的设计过程。

课后作业

　　尝试对前面课程中进行的设计方案按照本章讲授的步骤与方法进行方案的调整与细化。认真研究和记录针对自己的方案在这一过程中都需要在哪些方面完成上述内容。认真学习和掌握本单元图纸的绘制内容和方法，按照要求对课程设计成果进行图纸绘制。

思考拓展

　　在建筑设计过程中经常会在方案调整、细化阶段发现之前方案设计中的不足之处，可能需要对方案进行大的调整，甚至需要重新进行设计，这就意味着之前的很多工作都需要推倒重来。在这种情况下你会选择继续原来的方案还是选择重新设计，你的选择对设计方案的完成与最终实施有什么重要的影响。

课程资源链接

课件

第十章　项目实例

项目1　徽派风格的现代演绎
——景德镇某陶瓷艺术工作室设计

作为承载中国陶瓷文明千年的文化坐标，景德镇以生生不息的匠艺传承构筑起独特的美学基因。当这座传统工艺重镇孕育新兴陶瓷品牌时，如何在承续与创新间构建平衡，成为空间设计的关键命题。设计师以多维度的场景解构与重组，试图在当代语境下探索徽派美学艺术表达的创新路径。设计通过空间营造多种场景共存的可能，自然美学是永恒的，而又是丰富多变的，不同的环境塑造出不一样的氛围。徽派美学理念在空间的设计中得以体现，激发出体验者的某种状态，同时让体验者清空固有的思维，激发新的创作灵感。

一、建筑与场地环境

项目位于景德镇陶瓷工业园区。项目占地面积约4927平方米，地势平整，交通地理位置优越，环境良好。当地大量建筑物延续了传统徽派建筑的风格特色，文化气息浓郁。保留特有的时代记忆感，叠加符合现代及未来的生活功能需求，是业主方及在前期设计中强调的一个重要因素。作为一个集陶瓷加工、展卖和办公等功能于一身的公共建筑，该项目旨在为景德镇陶瓷产业的发展注入新的活力，也为传承和弘扬陶瓷文化提供新的平台。

基地位于城市道路西侧，保证了建筑良好的可达性和临街展示面，同时基地周边环境的徽派文化气息和相似尺度的半包围式建筑布局，为我们提供了充分的设计线索，新的空间格局设计方案也逐渐变得清晰（图10-1、图10-2）。

沿基地东侧的城市道路两侧，建筑的公共性由主干道向内部逐渐递减，因此，新建建筑的布局，也顺应这种规律。紧邻主干道的部分，布置展示品牌形象、公共性较强的功能；离主干道较远的一侧，依次布置了半公共区域和相对私密的内部使用功能区（图10-3、图10-4）。

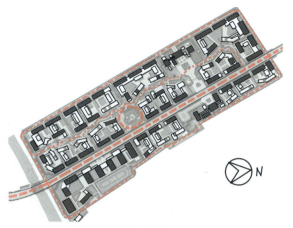

图10-1 项目基地交通环境示意图

图10-2 项目基地周边建筑格局示意图

图10-3 周边临街建筑公共性分析

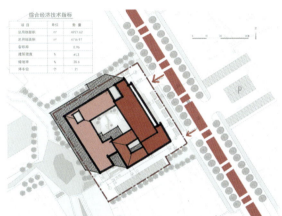

图10-4 新建建筑的公共性分析

二、设计理念

1. 体现传统建筑布局特色的院落空间

院落及院落组合是中国传统建筑布局的基本单元，体现着中国传统住宅的内向型空间和"天人合一"的理念。院落是中国风水上所强调的"藏风聚气"的理念的体现。院落表达了中国人人性上更为内敛含蓄的品格取向。基地周边建筑多为半围合式的坡顶院落空间，项目也契合延续了周围建筑的肌理风格，保证了在尺度和临街建筑立面节奏的统一性（图10-5、图10-6）。而风格上则将传统建筑符号以简洁利落的现代设计语言呈现。

2. 徽派建筑的现代演绎

设计时，将传统的徽派建筑语言进行解构，提炼建筑符号语言将建筑造型要素进行重新整合。以现代的建筑材料和手法，对传统的坡屋顶、白墙黛瓦、木格窗等元素进行再创作，呈现出一种既具有传统韵味又不失现代感的建筑风格。这种演绎不仅是对传统建筑的一种尊重和传承，更是对现代建筑设计的一种创新和探索（图10-7～图10-10）。

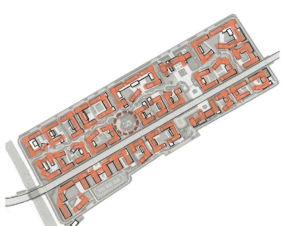

图10-5　周边建筑院落式布局

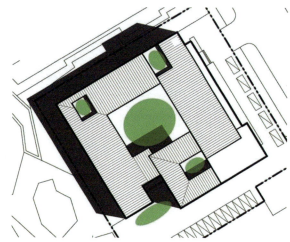

图10-6　院落式布局示意图

图10-7　徽派门楼的现代演绎

图10-8　传统马头墙形式的现代演绎

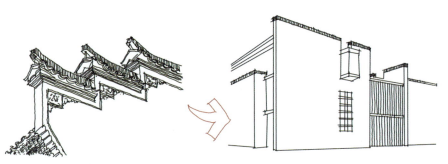

图10-9　传统徽派建筑中木格窗的现代演绎

图10-10 建筑效果图

三、形体生成

项目格局为坡顶院落式建筑组合的形体。首先，按照基地的退线要求，确定建筑的可建范围，将面积最大化布置，得出建筑的层数分配为2～3层的多层建筑，同时根据沿主干路的远近程度，确定建筑功能的公共和私密属性，公共区域为对外开放的展销区，私密区域为员工办公及生活。临主街立面是建筑形象的最佳展示面，为三层，建筑的主入口也设置在这里，便于人流的集散和品牌的宣传。南北两侧为两层建筑，作为辅助的展销和办公区域，通过院落的设置，形成了丰富的空间层次和景观视线。坡屋顶的设计不仅丰富了建筑的天际线，还起到了良好的遮阳和排水效果。同时，结合"四水归堂"的理念，将雨水引导至院落中心，形成一处水景，寓意着财富的汇聚和生活的和谐（图10-11、图10-12）。

在空间设计上，设计师注重场景的营造和氛围的塑造。公共区域的展销区，采用了开放式的布局，便于游客参观和选购。办公区域则注重私密性和舒适性，设置了独立的办公室和开放的办公区，满足不同的工作需求（图10-13）。

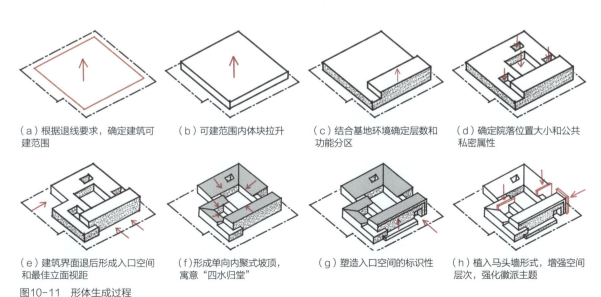

（a）根据退线要求，确定建筑可建范围

（b）可建范围内体块拉升

（c）结合基地环境确定层数和功能分区

（d）确定院落位置大小和公共私密属性

（e）建筑界面退后形成入口空间和最佳立面视距

（f）形成单向内聚式坡顶，寓意"四水归堂"

（g）塑造入口空间的标识性

（h）植入马头墙形式，增强空间层次，强化徽派主题

图10-11 形体生成过程

图10-12　建筑形体鸟瞰效果图

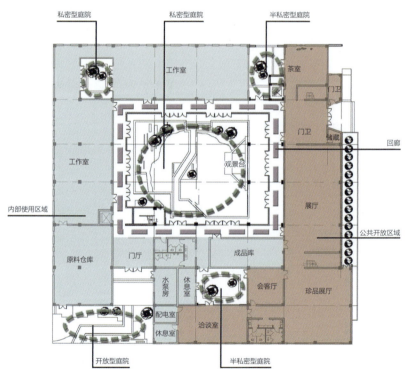

图10-13　公共及私密性分区示意图

四、空间营造

设计通过院落的联系,形成具有对话关系的室内外空间和灰空间。为体现流动性和多种可能性,房间未设计为全封闭模式,室内墙体交错布置,同时让光影作为空间中灵动的要素,通过流动的空间和光影,共同交织成灵动、通透的空间氛围。多样的限定方式模糊室内外空间的分界,体现"天人合一"的理念,塑造禅境空间(图10-14、图10-15)。

图10-14　建筑内部空间营造1

图10-15　建筑内部空间营造2

五、建筑方案成果表达（图10-16～图10-23）

项目总建筑面积约4700平方米，主体建筑采用2至3层复合式布局，建筑东侧紧邻城市主干道，因此主入口选址于此，与城市界面相接，营造入口的仪式感空间。屋顶系统采用内聚式单坡造型，既沿袭徽派建筑"四水归堂"的聚水哲思，又构建出富有韵律的天际轮廓线。设计强调建筑内部与外部空间的对话关系，通过围合+半围合式庭院空间创造出多样的空间层次，通过虚实交错的设计语言实现传统意象与现代美学的平衡呈现。

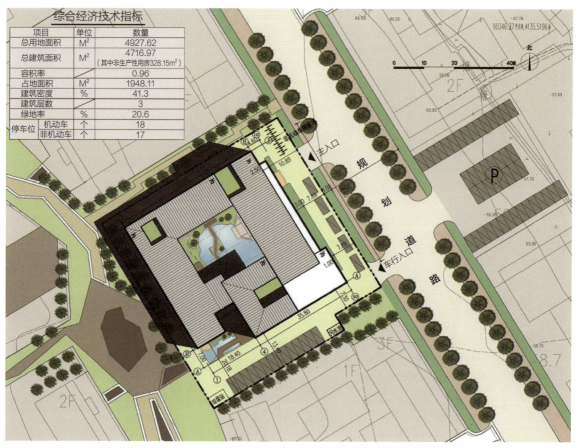

图10-16　总平面布置图

建筑内部空间以"院—廊—坊"三级体系展开叙事：主入口门厅通过仪式性空间引导人流进入，首先到达开放性较强的东部作坊兼展厅区域，然后过渡至中央露天庭院，最终延伸至西部静谧的拉坯工坊区。各功能区块通过回字形连廊有机串联，辅以镂空陶板幕墙实现视线渗透，工作空间与陶艺成品成为空间艺术的活性载体，完整展现"技·艺共生"的设计理念。

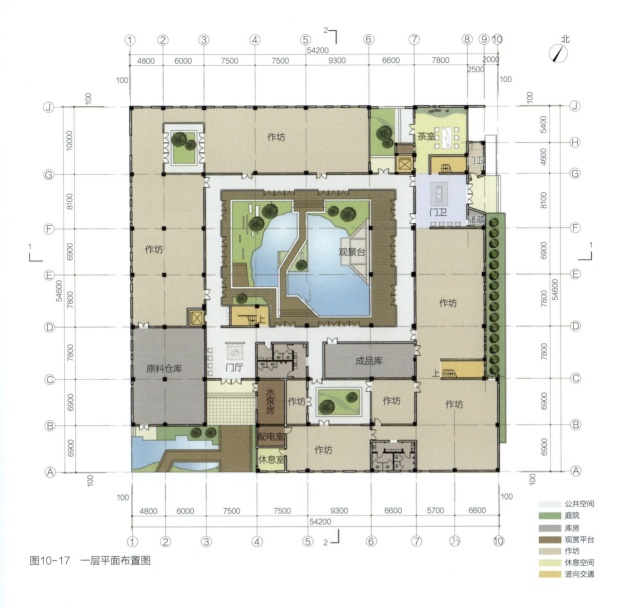

图10-17　一层平面布置图

公共空间
庭院
库房
观赏平台
作坊
休息空间
竖向交通

　　二层空间延续"技艺共生"理念，以陶瓷创作区为功能主体，复合后勤支持与艺术展示功能，形成"生产—休憩—传播"三位一体的立体工作坊体系。建筑通过两组垂直交通核与一部疏散楼梯实现与首层的立体衔接：东侧楼电梯组毗邻主门厅，通过玻璃幕墙与首层前院形成视觉贯通，服务于访客流线与公共展示区；西侧交通核则隐于庭院景观界面之后，以专属动线连通员工厨房及休息区，确保后勤流线私密性与高效性。平面采用回型廊道系统串联各功能模块，廊道内侧设置通高玻璃幕墙与镂空陶板隔断，外侧设置开敞式木构镂空格窗，使各功能空间形成多层次视线交互。

图10-18　二层平面布置图

图例：
- 公共空间
- 厨房
- 库房
- 餐厅
- 作坊
- 休息空间
- 竖向交通
- 展厅

　　三层部分位于东部主体建筑临街一侧，延续东部临街界面的视觉连续和建筑语言的一致性。内部集约化布局陶瓷精加工工坊与后勤服务区，通过线形内廊连接各小间作坊与员工休息区。西侧部分与内庭院形成渗透性对话，东侧与临街街景保持视线交互，使陶艺匠人在高强度创作中仍能与室外景观保持柔性对话。

图10-19 三层平面布置图

图例：
公共空间
厨房
作坊
休息空间
竖向交通

　　立面设计以新徽派构成逻辑重塑传统美学基因。整体以白色墙体为基底，通过深灰色玻璃与深褐色木格栅交织出虚实韵律，呼应"粉墙黛瓦"色彩原型。立面细节植入徽派美学符号转译——主入口采用门楼形态拓扑变形，以悬浮式深檐构架形成视觉锚点；山墙以抽象化马头墙形态构成竖向节奏，强化光影层次；窗洞形式重构徽州冰裂纹窗棂为原型，既延续传统营造智慧，又形成适应现代工艺的采光调控体系。通过"形制转译—材质迭代—构件重构"三重策略，在保证立面完整性的同时，形成可阅读的文化符号系统。

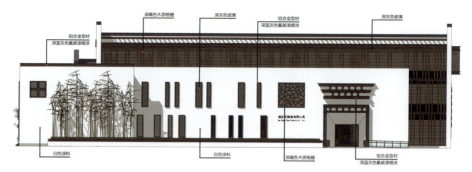

铝合金型材
深蓝灰色氟碳漆喷涂
深褐色木质格栅
深灰色玻璃
铝合金型材
深灰色氟碳漆喷涂
深灰色玻璃

白色涂料
白色涂料
深褐色木质格栅
铝合金型材
深灰色氟碳漆喷涂

图10-20　东立面图

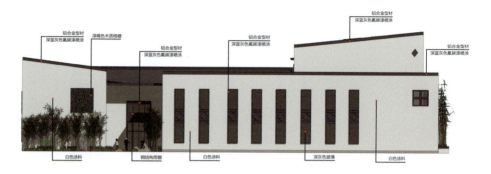

铝合金型材
深蓝灰色氟碳漆喷涂
深褐色木质格栅
铝合金型材
深蓝灰色氟碳漆喷涂
铝合金型材
深灰色氟碳漆喷涂
铝合金型材
深蓝灰色氟碳漆喷涂
铝合金型材
深蓝灰色氟碳漆喷涂

白色涂料
钢结构雨棚
白色涂料
深灰色玻璃
白色涂料

图10-21　南立面图

　　建筑采用混凝土框架结构体系，首层4.5米高满足人们公共活动需求，二层4.2米适配创作尺度，顶层3.3米集约工艺空间。屋面采用内聚式单坡形式，导引雨水汇入中央庭院，实现"四水归堂"的聚水哲思。剖面组织强化空间渗透性：首层通高落地玻璃消解室内外边界，二层悬挑连廊与庭院绿化形成框景互动，顶层深色木质格栅实现光影漫射。室内外交界处以材料透明性和肌理感构建空间张力，使白墙、深灰色金属型材、玻璃与木格栅在垂直面上交织为可阅读的文化截面。

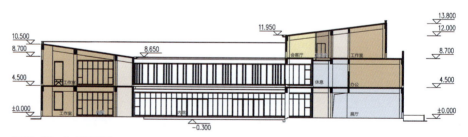

图10-22　1-1剖面图

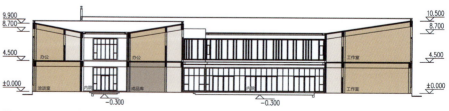

图10-23　2-2剖面图

项目2 院落、联动与活力
——上海临港张江中心办公综合体

项目地点：上海市浦东新区

总建筑面积：41458平方米

建筑类型：办公、酒店、配套商业

建筑设计：EID建筑事务所

建筑设计团队：姜平、马云鹏、陆心一、龚昀、何晨迪

一、场地概况

临港新城坐落于上海浦东的东南部，距离上海市中心大约75千米，东临东海，南接杭州湾，是"十三五"期间上海新城建设的核心项目。其目标是打造成为上海建设全球科技创新中心的主要承载区域。原来的临港新城已更名为南汇新城，它正逐渐成为长三角地区及杭州湾沿岸的一个关键城市节点。规划区域位于距离海岸线10公里的范围内，位于陆地生态系统与海洋生态系统的交界处，气候湿润多风，拥有丰富的景观资源。本项目地块位于滴水湖的一环与二环之间，定位为商务旅游区（图10-24）。

图10-24 项目鸟瞰效果图

该项目的总建筑面积约为41458平方米，基地形状较为方整，周围的建筑密度较小，四周均为双向车道，但车流量较小，公交系统尚未完善，景观资源丰富（图10-25）。

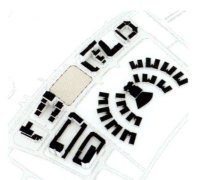

（a）现状问题：基地周围建筑密度较小

（b）基地交通状况：四周均为双向车道，但车流量较小，公共交通尚未完善

（c）优势：景观资源丰富

图10-25 项目基地现状分析图

二、建筑与城市

设计充分结合基地特质，创造出以院落为核心的围合式建筑布局，延续原有的城市界面的同时，塑造富于变化的城市天际线（图10-26）。同时优化建筑朝向，以最

大限度地增加面向滴水湖及附近公园的景观视野，形成宜人舒适的开放性空间场所（图10-27、图10-28）。

设计的最关键特征在于镶嵌于裙楼和办公楼外立面的一条户外步行廊道，引导行人、访客或租户漫游其中，并衔接屋顶露台和各楼层的室内中庭，从而有效促进不同用户群体和访客之间的互动交流。拾级而上的台阶提供给使用者一个连续开放的观景平台，从而充分利用周边区域的景观，沿着人行通道便足以尽览滴水湖、公园及远处城市的全貌（图10-29～图10-31）。

临港·张江中心包含可满足不同用户群体需求的多种办公空间，从位于高区的企业总部中心、租赁办公空间到位于低层的共享工作空间，提出一种全新的办公建筑组织格局，作为应对市场与租户变化的灵活架构（图10-32）。

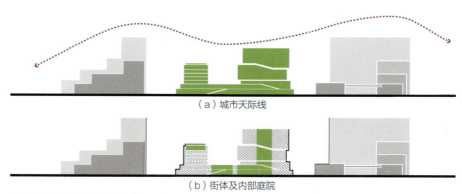

（a）城市天际线

（b）街体及内部庭院

图10-26　建筑与城市天际线

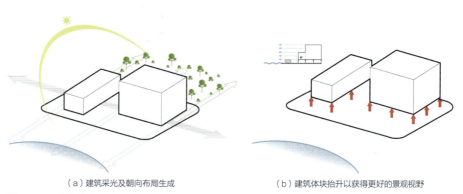

（a）建筑采光及朝向布局生成　　　　　　　　（b）建筑体块抬升以获得更好的景观视野

图10-27　建筑体块生成示意图

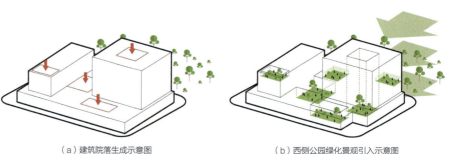

（a）建筑院落生成示意图　　　　　　　　（b）西侧公园绿化景观引入示意图

图10-28　建筑院落生成示意图

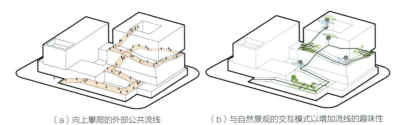

（a）向上攀爬的外部公共流线　　　　（b）与自然景观的交互模式以增加流线的趣味性

图10-29　镶嵌于裙楼和外立面的公共流线示意图

（a）折叠的墙体能够最大化地利用景观资源同时形成一定的立面节奏

（b）盘旋而上的室外公共坡道串联着中庭又连接着室内的休憩区域

图10-30　室内外空间交互模式示意图

图10-31　建筑形体轴测示意图

图10-32　建筑功能分布示意图

三、建筑单体

办公业态的平面布局围绕着一个中庭展开，它也充当垂直的光轴，通过办公空间楼层的光线反射，再延伸到地下室。通过烟囱效应，促进整个空间的自然通风（图10-33）。

办公建筑体量的扭转和错层变化减少了它的整体体积及对于周围街区的影响，在整个区域内形成具有标志性的存在。外立面表皮采用一种带有穿孔的垂直排布的金属柱状物，其在表面形成的闪烁光影，犹如湖水的涟漪效应（图10-34～图10-37）。

与体型较为庞大的办公空间形成鲜明对比的是，酒店的塔楼设计是一个富有网格元素，充满光泽的玻璃盒子。这种韧性与明度的相互作用形成一种张力，来自整体结构的理性逻辑与自然元素的平衡。酒店的顶层包含两个屋顶平台，拥有湖水和公园多样的景观视野。矮墙的立面以深色的岩石面板向外突出，形成多维立体的屋顶花园（图10-38、图10-39）。

图10-33 采光通风示意图

图10-34 办公部分平面示意图

图10-35 办公部分剖面示意图

图10-36 办公部分外立面金属表皮

图10-37 办公部分室内空间效果

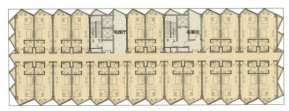

图10-38 酒店塔楼标准层平面布置图

图10-39 酒店屋顶平台效果图

四、建筑方案图纸表达（图10-40～图10-47）

图10-40　总平面布置图

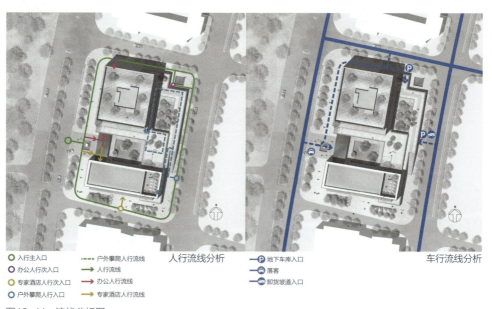

图10-41　流线分析图

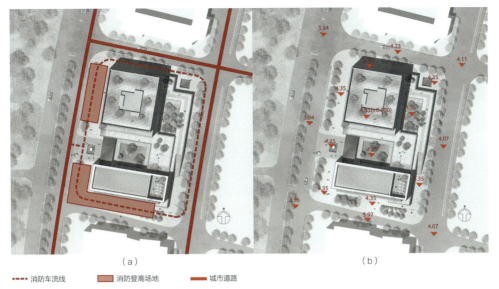

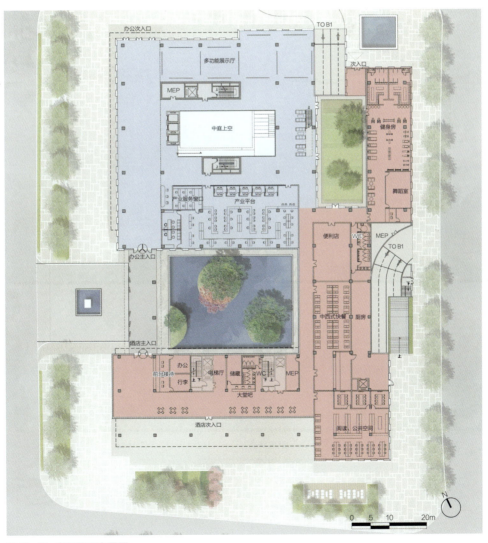

（a）

（b）

- - - 消防车流线   消防登高场地   城市道路

图10-42 （a）消防流线分析图；（b）竖向设计分析图

图10-43 首层平面布置图

图10-44　二层平面布置图

图10-45　三层平面布置图

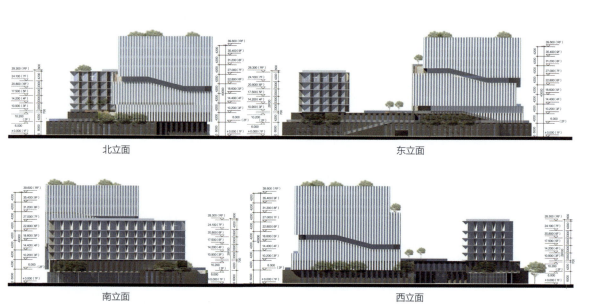

北立面

东立面

南立面

西立面

图10-46　立面图

剖面1-1

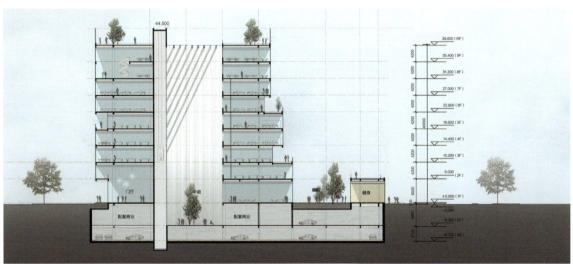

剖面2-2

图10-47　剖面图

项目3 自然、素材与身体
——柿柿如意·南野际民宿设计

项目地址：武汉市黄陂区　木兰暖村
业　　主：湖北中科农合发展有限公司
项目规模：607.71平方米
设计单位：UAO瑞拓设计
主创设计师：李涛

一、设计缘起

项目所在地毗邻黄陂区著名的木兰山风景区，位于风景如画的长轩岭镇。这个小镇的建筑沿着木兰大道两侧错落有致地分布，弥漫着浓厚的生活气息。项目的具体位置选在长轩岭镇南端的付家下湾，一个位于小山丘南侧的地点。从木兰大道出发，沿着一条蜿蜒的小路下行，便能抵达一片蚕豆形的老池塘。场地内保留着一些历史悠久的石头墙根，这些墙身或是由青砖砌成，或是由夯土砖筑就，屋面覆盖着传统的青瓦，显露出旧时民宅的风貌。设计师最终将项目选址定在村口的一座百年老宅旁，这座老宅仅剩一个门脸，内部杂草丛生，树木高达九米，显然已经废弃多年（图10-48、图10-49）。

设计保留了老宅的外墙，在原本没有树木的空间中，挖掘出一个泳池，以此创造出与另外三个实体建筑形成鲜明"虚实"对比的效果，这一手法成为该项目最具冲突感的亮点之一（图10-50）。

老房子的房前屋后长满了大树，以柿子树为主，为保留对场地的尊重，设计师决定保留场地原有的柿子树，因此三栋民宿客房的布局需要进行外形的切割和适当退让（图10-51、图10-52）。

这一设计调整使得原本草图中的四方形平面，转变成了符合青柿子五六瓣形态的不规则六边形。当柿子树挂满红彤彤的果实时，设计方案也基本成熟。因此，这三栋民宿被赋予了一个寓意美好的名字——"柿柿如意"。

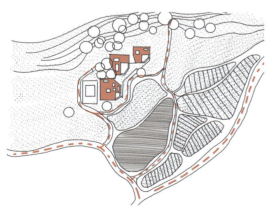

图10-48　与场地文脉的呼应

图10-49　建筑鸟瞰图

图10-50 建筑实景图

二、形体生成

　　三栋民宿形成一个向着草坪和池塘的围合，从西向东分别是老宅，A、B、C栋。老宅和A栋背靠背，ABC三栋因为自身的切角形成了形态互补的关系，群体之间又有着一种向心力来统一。ABC三栋用一个细柱钢结构连廊相连，设计师把连廊上方的钢构檩条设计成等间距的一个方向，来加强这种向心力。

　　保留的老宅只剩下墙垣，中间的泳池刚好从形态上填补了ABC三栋的过重的视觉关系。ABC三栋正负零处在和老宅同一个水平面上，它们与南侧草坪的高差用看台式台阶来处理，台阶的形态又进一步强化了三栋的向心感（图10-53）。这些台阶周边的挡土墙的毛石，也是取材于村落里垮掉的老房子的墙体毛石。

　　三栋民宿都是一个平面母体的变异，建筑平面都是由L形的实体与一个虚的内院构成。三栋的空间却有着不同的差别：A栋内院被封了屋顶，开了天窗，形成一个半室外的灰空间；B栋和C栋内院都是露天的，其实露天的内院的顶部开口，只是顶部开洞的另外一种形式而已；B栋的客厅则贯穿了两层空高，而屋顶也布置了天窗（图10-54~图10-59），从而形成了B栋弥漫着阳光的艺术馆式的高耸客厅空间（图10-60）。

图10-51 建筑周边树木示意图

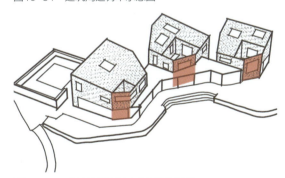

图10-52 建筑外形随树木位置切割退让

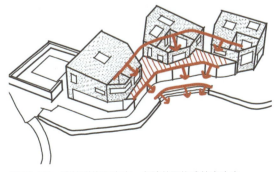

图10-53 建筑群体和连廊、台阶共同构成的向心力

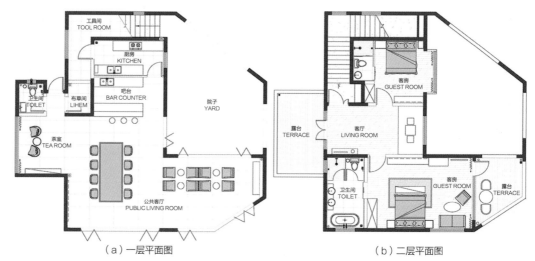

（a）一层平面图　　　　　　　　　　　　（b）二层平面图

图10-54　A栋平面布置图

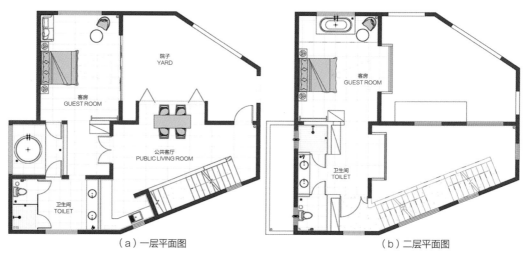

（a）一层平面图　　　　　　　　　　　　（b）二层平面图

图10-55　B栋平面布置图

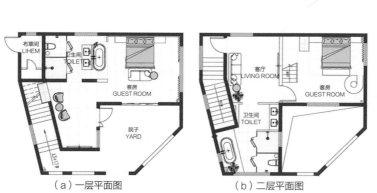

（a）一层平面图　　　　　　　　　　　　（b）二层平面图

图10-56　C栋平面布置图

图10-57　A栋内部空间实景

图10-58　B栋内部空间实景

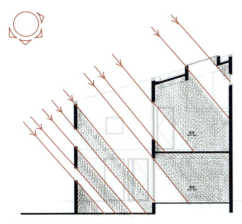

图10-59　采光分析图

图10-60　建筑形体外观实景

　　在建筑立体形态上，三栋的母体是顶面被斜切后的六边柱体；六边柱体的各个立面和顶面则开挖了各种不规则多孔布局，这些孔洞捕捉着自然界的光影变化和斜风细雨，犹如一个自然的接收器，孔上的玻璃尽量贴外墙布置，以形成体量的雕塑感。

三、借景和框景

　　建筑外墙孔洞的开洞位置，都考虑了和室外景物的对景关系。一楼的窗前可以看到室外老房子毛石围合起来的蓝色游泳池。A栋二层是两居室的套房，露台的墙体开洞正好把户外保留的柿子树形成了框景。二层客房内的长条窗则开向了门前的法国梧桐的一个枝条，有了横幅国画的即视感。卫生间浴缸边的大无框玻璃窗则对着法国梧桐的主干。这次的开窗是对着每个树木的精心布局——也包括楼梯间转角的窗户，对着建筑后面的树木。B栋也是这样，每个窗户都和室外的树木发生关系（图10-61）。

图10-61 借景和框景设计

设计师在窗户的方案上确定了一个原则：外墙开窗是无框的大玻璃，内院的窗户就要考虑通风，会有分隔。其目的就是保证景观不被遮挡。

四、匠心材质

三栋民宿的外墙都是木纹清水混凝土、木纹混凝土、配合蓝天和大面积的无分隔玻璃窗，给建筑一种静谧的氛围；它跳脱极简白盒子给人的审美疲劳，突破地域性材质的传统叙事手法，和老宅的毛石、青砖形成了对比，也提供了乡村建设的一种新的可能（图10-62、图10-63）。

图10-62 楼梯间材质表达　　图10-63 院落空间材质表达

五、时空维度与身体感知

　　建筑空间的使用者是人，设计的内在核心是适宜的尺度和人在其中的游走关系。比如楼梯的轴线控制在1.2米，但其接近1∶5的宽高比，再加上高窗的顶光、两侧木纹混凝土在光线下的光滑表面，从而让这个空间有拾级而上的神性光芒。天井里的蓝天，配合着建筑的木纹混凝土，给人静谧的氛围感。灵活限定的灰空间可以使人们明确的感受到在房间外，还有一个院落和墙体，丰富着空间层次和时空感（图10-64、图10-65）。

　　两层空高庭院和两层空高客厅也有此意，使人必然抬头仰视混凝土屋顶的天窗里所框选的蓝天白云，感受混凝土盒子所营造的诗意。每个内院也是如此，院子里的光影，从早到晚，时时刻刻都在变化游走，让人感受到时间的流逝。到了夜晚，三个混凝土盒子所营造的诗意，是暗夜里从不规则的窗洞里透出来的温暖的光，它让三个混凝土盒子充满了生命力（图10-66、图10-67）。

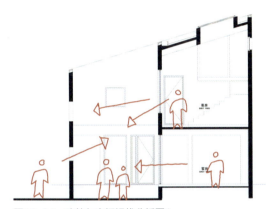

图10-64　建筑灰空间视线分析图1

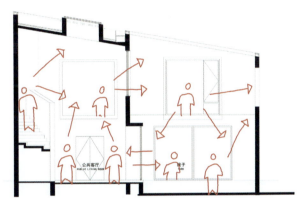

图10-65　建筑灰空间视线分析图2

图10-66　被屋顶天窗所框选的蓝天

图10-67　建筑内部游走的光影

项目4 可持续发展的弹性空间
——某高新科技产业研发中心设计

一、项目概况

案例为一个典型的办公建筑项目。项目所处阶段为方案设计阶段，业主为合资企业，主营业务为高新技术产业研发。出于企业发展的需要，业主希望在该地块新建一处集生产、研发功能于一体的产业园区。本案例研究的对象便是该项目中的研发中心建筑设计（图10-68）。

二、设计思路

1. 前期研究

在项目的前期研究阶段，分析项目条件，确定主要矛盾是首要的任务。项目所在地块为城市郊区新开发土地。周边环境相对比较简单。在满足城市规划部门既定的各项要求之后，建筑形态的设计并没有受到很多限制。故设计师将焦点转至业主的需求。

2. 表征问题

业主作为一个国内较有名的合资品牌，对于企业的研发部门较为重视。同时业主也希望该研究中心能够成为该区域的产业集群中的地标性建筑，对自己的品牌形象起到宣传作用。综合以上因素，设计师将方案设计阶段的主要矛盾定为建筑的整体外部形象塑造。

结合自身经验，并研究了多个国内外优秀案例之后，设计师发现，当代的研发中心建筑空间注重不同研发团队之间的沟通与交流。这一结论也符合人类创新思维的产生规律。所以城市中心高楼大厦般的办公楼形象并不符合本次的主题，因为将各个团队、部门按照楼层严格地划分在不同的区域并不符合我们的设计目标（图10-69）。

3. 构思创造

在排除了一部分错误答案之后，设计师选择功能布局为切入点。经过谨慎研究业主提供的任务书之后，设计师建筑空间划分为7个体量，将其中一个体量作为居中位置的核心交通空间。为了让使用者有更好的办公环境，设计师将6个体量与中间的核心交通空间分开一定的距离，并加入了交通空间的连接。使7个体量之间形成了大小

图10-68 项目鸟瞰效果图

（a）体块模型1

（b）体块模型2

图10-69 建筑形体选定

不一的庭院。这样的空间组织，给各个建筑体量都带来了更多的日照、通风和景观资源（图10-70、图10-71）。

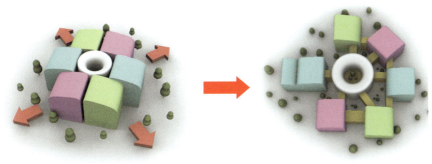

（a）体块变形思路　　　　　　　　　（b）体块变形结果

图10-70　建筑形体生成分析

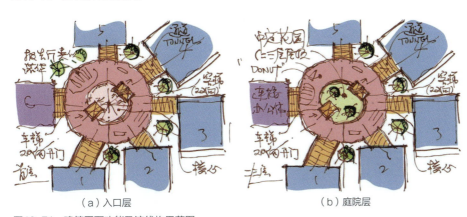

（a）入口层　　　　　　　　　　　（b）庭院层

图10-71　建筑平面功能及流线构思草图

三、总结

由此可见，在方案设计阶段的早期，每个项目的情况千变万化，所以主要矛盾也各不相同。除了设计师自身的经验以外，详细的调研和沟通是必不可少的。方案设计阶段的成败，往往取决于设计者能否抓住项目的主要矛盾或者问题，并提出创造性的解决方案。与此同时，其他各方面因素，也需要纳入考量范围。比如在本案例中，场地面积较宽阔，周边以农业和自然景观为主。业主对于研发中心还有二期扩建的需求。而辐射式布局，也非常容易衔接二期项目的建筑空间。这些因素也从侧面印证了方案设计的合理性（图10-72、图10-73）。

图10-72　建筑透视效果图

图10-73　建筑夜景效果图

方案初期确定的建筑形体并不是一成不变的。随着对于功能研究的进一步深入以及与业主进一步的沟通，为使功能和流线更为合理，建筑形体也会随之发生改变。但是由于在方案早期进行的研究比较详尽，建筑形体的构成规则并没有发生改变。建筑外部形态的修改仅限于建筑体量、方向的微调。

四、项目技术图纸（图10-74、图10-75）

项目开发早期，由于业主是新兴企业，对于整个研发中心的人员构成，仅仅有一个大体的框架，并没有非常清晰的规划。为了日后方便整个研发中心的部门调整，建筑方案设计师针对于这一现状采用了标准化模块的设计概念。

每一个模块的尺寸模数与常用的柱网尺寸保持一致，保证了地下空间的利用率。各层的办公空间采用开放式布局。一个入驻的部门可以根据之后的需要自由布置家具与隔断。此外，设计师将大部分交通与辅助功能的房间置于连接与"桥梁"之中。进一步保留了办公空间的完整性。

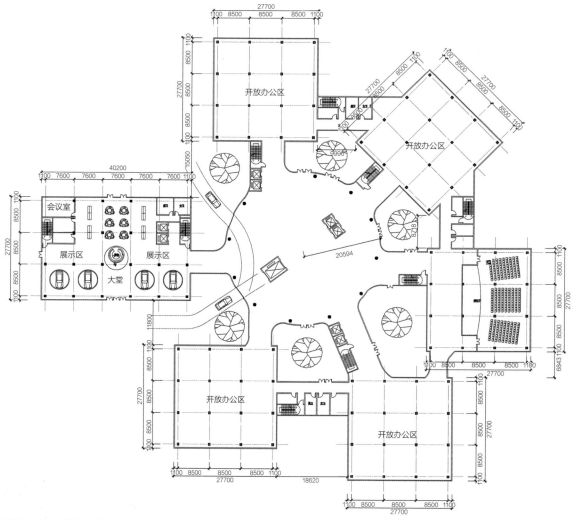

图10-74 一层平面图

通过对形体和布局的多次调整，每一个标准化模块的建筑体量在朝向上都达到南北通透，结合庭院式的布局方式，保证了室内的充分的日照与通风，将自然环境的优势引入到办公空间中，改善使用者的体验感。

每一个办公单元的建筑采用流线型的坡屋顶外形，改善了传统办公楼呆板的印象。立面上的节能玻璃幕墙结合遮阳百叶的布置，在保证视觉通透的前提下进一步改善了室内的热工性能。

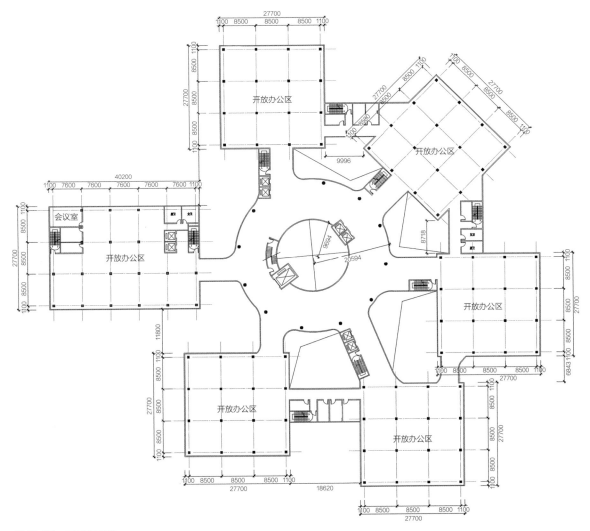

图10-75　二层平面图

参考文献

[1] 彭一刚. 建筑空间组合论 [M]. 北京：中国建筑工业出版社，2008.

[2] 程宏. 居住空间设计 [M]. 北京：中国电力出版社，2024.

[3] 鲍家声，鲍莉. 建筑设计教程（第二版）[M]. 北京：中国建筑工业出版社，2021.

[4] 田学哲，郭逊. 建筑初步（第四版）[M]. 北京：中国建筑工业出版社，2019.

[5] 杨秉德. 建筑设计方法概论（第二版）[M]. 北京：中国建筑工业出版社，2021.

[6] 张嵩，史永高，等. 建筑设计基础 [M]. 南京：东南大学出版，2015.

[7] 任宇，刘万彬. 建筑空间设计思维与表达 [M]. 北京：中国建筑工业出版社，2023.

[8] 赵西平，房屋建筑学（第二版）[M]. 北京：中国建筑工业出版社，2017.

[9] 傅祎，黄源. 建筑的开始——小型建筑设计课程（第2版）[M]. 北京：中国建筑工业出版社，2023.

[10] 中华人民共和国住房和城乡建设部. GB/T 50001—2017. 房屋建筑制图统一标准 [S]. 2018.